得荣县常见植物图谱

甘孜藏族自治州科学技术协会
得 荣 县 科 学 技 术 协 会　主编
得 荣 县 林 业 和 草 原 局

四川科学技术出版社
·成都·

图书在版编目（CIP）数据

得荣县常见植物图谱 / 甘孜藏族自治州科学技术协会，得荣县科学技术协会，得荣县林业和草原局主编.-- 成都：四川科学技术出版社，2021.1

ISBN 978-7-5727-0061-3

Ⅰ.①得… Ⅱ.①甘… ②得… ③得… Ⅲ.①植物–得荣县–图谱 Ⅳ.①Q948.527.14-64

中国版本图书馆 CIP 数据核字(2021)第 015560 号

得荣县常见植物图谱

主　　编　甘孜藏族自治州科学技术协会
　　　　　得荣县科学技术协会
　　　　　得荣县林业和草原局

出 品 人　程佳月
责任编辑　刘涌泉
责任校对　王国芬
封面设计　景秀文化
责任出版　欧晓春
出版发行　四川科学技术出版社
　　　　　成都市槐树街 2 号　邮政编码 610031
　　　　　官方微博：http://e.weibo.com/sckjcbs
　　　　　官方微信公众号：sckjcbs
　　　　　传真：028-87734039
成品尺寸　210mm×285mm
　　　　　印张 19.75　字数 200 千　插页 1
印　　刷　四川科德彩色数码科技有限公司
版　　次　2021 年 3 月第一版
印　　次　2021 年 3 月第一次印刷
定　　价　188.00 元

ISBN 978-7-5727-0061-3

编委会

主　　编　甘孜藏族自治州科学技术协会

　　　　　得荣县科学技术协会

　　　　　得荣县林业和草原局

执行主编　倪月龙（得荣县人大）

副 主 编　春　村（得荣县生态环境局）

　　　　　扎西甲措（得荣县科学技术协会）

　　　　　张　勇（得荣县林业和草原局）

参编人员

　　陈康权（得荣县红十字会）

　　徐国伦（甘孜藏族自治州种子站）

　　雷君勇（得荣县农牧农村和科技局）

　　郭格桑（得荣县农牧农村和科技局）

　　李健兵（得荣县林业和草原局）

　　秦　阳（得荣县林业和草原局）

　　倪　霄（得荣县农牧农村和科技局）

　　张福军（得荣县农牧农村和科技局）

　　罗思富（得荣县农牧农村和科技局）

　　吴成姝（得荣县农牧农村和科技局）

　　秦泸康（得荣县农牧农村和科技局）

　　全科虹（成都毅天昶贸易有限公司）

　　徐　伟（泸定县农产品质量检测中心）

　　夏定琴（得荣县科学技术协会）

　　胡　江（得荣县人民医院）

　　范立军（得荣县人民医院）

　　王长青（得荣县人民医院）

　　赖　萍（得荣县人民医院）

　　马贵云（得荣县农牧农村和科技局）

　　王沿锦（得荣县农牧农村和科技局）

　　葛　震（得荣县农牧农村和科技局）

　　钱兴玉（得荣县农牧农村和技术局）

　　白玛泽仁（得荣县农牧农村和科技局）

　　吉俄曲者（得荣县农牧农村和科技局）

　　海金华（得荣县农牧农村和科技局）

　　中次仁志玛（得荣县生态环境局）

审　　稿

　　刘志斌（甘孜藏族自治州林科所）

　　降巴吉村（得荣县人民政府）

自然界中，植物是生命的主要形态之一，在合成有机物、制造氧气、防风固沙、调节气候和保持水土等方面满足人类的多种需求。人类，离不开植物。植物与人类和谐共生，是人类赖以生存的重要物质基础。认识植物就是认识人类自己，合理保护和利用植物资源就是保护和发展人类自身。

得荣县地处东经 99°07′~99°34′，北纬 28°09′~29°10′，位于四川省西南部，属金沙江干旱河谷区。北部与四川省甘孜藏族自治州巴塘县、乡城县相连，东南与云南省迪庆藏族自治州香格里拉市相邻，西南与云南省迪庆藏族自治州德钦县接壤，辖区总面积 291 598.52 公顷，其中，林地面积 176 417.42 公顷，占总面积的 60.5%。境内沟谷狭窄，山高坡陡。境内最高海拔 5 599 米（下拥后山山峰），最低海拔 1 990 米（金沙江边），相对高差为 3 609 米。金沙江由北向南经过县境西部和南部，境内流长 104 千米。县境内有 4 条主要河流、11 条山溪、9 个高山湖泊和 200 余处泉眼。

得荣县气候属亚热带气候，具有蒸发量大、日照充足、辐射强烈、昼夜温差大、气候类型多样、垂直变化显著等特点。其气候垂直带通常分为 5 带，即：干旱河谷亚热带、半干旱暖温带、中山温带、亚高山寒温带、高山亚寒带。

独特的地理条件、地域位置和气候特点造就了得荣县的物种多样性。

因此，甘孜藏族自治州科学技术协会、得荣县科学技术协会、得荣县林业和草原局特组织得荣县长期从事农牧、林业工作及热爱植物的科技工作者，历经七年多的野外收集和室内查阅相关资料、分析鉴别，形成了《得荣县常见植物图谱》，本图谱涉及 135 科 881 种植物。图谱的形成得到了得荣县县委、县政府的大力关心和支持，特别是得到了县委副书记洛绒拉珍同志的指导，也得到了关注得荣县植物保护工作的社会各界人士的指导，在此一并表示衷心感谢！

本图谱的编成，将为得荣县有效地开展植物保护和利用提供重要的科学依据，有利于促进得荣县经济稳定高质量发展。由于时间、精力、工作条件、知识水平等因素限制，收集的植物远远低于本县存在的植物数量，欢迎各位读者、专家补充，在此表示感谢。在编写过程中难免存在一些不足和疏漏，敬请各位读者、专家批评指正，并请提出更多更好的宝贵意见。

目录

卷柏科
Selaginellaceae

细瘦卷柏
Selaginella vardei Levl.
摄于太阳谷镇松麦村

垫状卷柏
Selaginella pulvinata (Hooket Grev.)
Maxim
别名：还魂草
摄于太阳谷镇沙麦顶村

白边卷柏
Selaginella albocincta Ching
摄于太阳谷镇冉绒村

木贼科
Equisetaceae

木贼
***Equisetum hyemale* Linn.**
摄于奔都乡俄木学村

瓶尔小草科
Ophioglossaceae

瓶尔小草
***Ophioglossum vulgatum* Linn.**
别名：一支枪
摄于太阳谷镇布瓦村

铁角蕨科
Aspleniaceae

巢蕨
***Neottopteris nidus* (L.) J.Sm.**
别名：鸟巢蕨、台湾山苏花、山
苏花、尖头巢蕨
摄于瓦卡镇瓦卡坝

华中铁角蕨
Asplenium sarelii **Hook.**
摄于古学乡下拥景区

鳞毛蕨科
Dryopteridaceae

粗茎鳞毛蕨
Dryopteris crassirhizoma **Nakai**
摄于古学乡下拥景区

凤尾蕨科
Pteridaceae

指叶凤尾蕨
Pteris dactylina **Hook.**
摄于奔都乡莫木下村

蜈蚣凤尾蕨
Pteris Vittata **L.**
别名：蜈蚣草、蜈蚣蕨
摄于瓦卡镇瓦卡坝

井栏边草
Pteris multifida **Poir.**
摄于太阳谷镇冉绒村

铁线蕨科
Adiantaceae

长盖铁线蕨
Adiantum fimbriatum **Chirst**
别名：陕西铁线蕨
摄于瓦卡镇甲学村

中国蕨科
Sinopteridaceae

多鳞粉背蕨
Aleuritopteris anceps (Blanford)
Panigrahi
别名：粉背蕨
摄于古学乡下拥景区

长尾粉背蕨
Aleuritopteris michelii (Christ)
Ching
别名：假银粉背蕨、德钦粉背蕨、
裂叶粉背蕨
摄于奔都乡建英村

裸子蕨科
Hemionitidaceae

滇西金毛裸蕨
Gymnopteris delavayi (Bak.)
Underw.
别名：中间金毛裸蕨
摄于古学乡下拥景区

欧洲金毛裸蕨
Gymnopteris marantae (Linn.)
Ching
摄于日雨镇折格山

三角金毛裸蕨
Gymnopteris sargentii **Christ**
摄于太阳谷镇城北小区后山

水龙骨科
Polypodiaceae

瓦韦
Lepisorus thunbergianus (Kaulf.)
Ching.
摄于古学乡下拥景区

榭蕨科
Drynariaceae

川滇榭蕨
Drynaria delavayi **Christ**
摄于太阳谷镇下绒村

苏铁科
Cycadaceae

苏铁
Cycas revoluta **Thunb.**
别名：避火蕉、凤尾草、
凤尾松、凤尾蕉、辟火蕉、
铁树、美叶苏铁
摄于瓦卡镇瓦卡坝

银杏科
Ginkgoaceae

银杏
Ginkgo biloba **Linn.**
别名：鸭掌树、鸭脚子、公孙树、
白果
摄于日雨镇得木同村

南洋杉科
Araucariaceae

南洋杉
Araucaria cunninghamii **Sweet**
别名：猴子杉、肯氏南洋杉、细叶南洋杉
摄于瓦卡镇瓦卡坝

松科
Pinaceae

高山松
Pinus densata **Mast.**
别名：西康赤松、西康油松
摄于太阳谷镇下绒村

红杉
Larix potaninii **Batalin**
别名：落叶松
摄于太阳谷镇下绒村

华山松
Pinus armandii Franch.
别名：五叶松、青松、果
松、五须松、白松
摄于日雨镇龙绒村

鳞皮冷杉
Abies squamata Mast.
别名：鳞皮枞
摄于太阳谷镇下绒村

云南松
Pinus yunnanensis Franch.
别名：长毛松、飞松、青松
摄于太阳谷镇下绒村

紫果云杉
Picea purpurea Mast.
别名：紫果杉
摄于太阳谷镇下绒村

雪松
Cedrus deodara (Roxburgh)
G.Don
别名：塔松、香柏、喜马拉
雅雪松
摄于得荣县城街道

柏科
Cupressaceae

垂枝柏
Sabina recurva (Buch.–Hamilt.)
Ant
别名：弯枝桧、曲桧、由枝柏
摄于古学乡政府

方枝柏
Sabina saltuaria (Rehd.et wils)
Cheng et W.T.Wang
别名：木香、方枝桧、方香柏、
西伯利亚方枝柏
摄于日雨镇甲孜村

干香柏
Cupressus duclouxiana Hichel
别名：滇柏、云南柏、干柏杉、
冲天柏
摄于奔都乡德龚村

高山柏
Sabina squamata (Buch.–Hamilt.)
Ant
别名：柏香、浪柏、团香、刺柏、
香青、藏柏、山柏、鳞桧、陇桧、
岩刺柏、大香桧
摄于茨巫乡兰九村

西藏柏木
Cupressus torulosa D.Don
别名：干柏杉、喜马拉雅柏
摄于白松乡夺松村

崖柏
Thuja sutchuenensis Franch.
别名：四川侧柏、崖柏树
摄于古学乡得则村

侧柏
Platycladus orientalis (Linn.) Franco
别名：香柯树、香树、扁桧、香柏、黄柏
摄于得荣县城街道

红豆杉科
Taxaceae

红豆杉
Taxus chinensis **(Pilger) Rehd.**
别名：观音杉、红豆树、扁柏、卷柏
摄于古学乡日瓦村

麻黄科
Ephedraceae

藏麻黄
Ephedra saxatilis **Royle ex Florin**
别名：匍枝丽江麻黄
摄于古学乡下拥景区

胡桃科
Juglandaceae

胡桃
Juglans regia **Linn.**
别名：核桃
摄于日雨镇日堆村

美国山核桃
Carya illinoensis (Wangenheim)
K.Koch
别名：薄壳山核桃
摄于瓦卡镇瓦卡坝

枫杨
Pterocarya stenoptera **C.DC.**
别名：麻柳、蜈蚣柳、苍蝇
翅、马尿骚
摄于瓦卡镇土改村

杨柳科
Salicaceae

丛毛矮柳
Salix floccosa **Burkill**
摄于八日乡日主共大牧场

黄花垫柳
Salix souliei Seemen
摄于古学乡下拥景区

杯腺柳
Salix cupularis Rehd.
摄于八日乡日主共大牧场

垂柳
Salix babylonica Linn.
别名：柳树
摄于得荣县城街道

龙爪柳
Salix matsudana Koidz.var.*matsudana*
f. *tortuosa* (Vilm.) Rehd.
摄于古学乡河边

旱柳
Salix matsudana Koidz.
摄于贡波乡日归村

山生柳
Salix oritrepha Schneid.
摄于八日乡日主共大牧场

乌柳
Salix cheilophila Schneid.
摄于茨巫乡兰九村

中国黄花柳
Salix sinica (Hao) C.Wang et
C.F.Fang
摄于下绒嘎金牛场

硬叶柳
Salix sclerophylla Anderss.
摄于日雨镇折格山

长序杨
Populus pseudoglauca C.Wang et
P.Y.Fu
摄于茨巫乡日拥村

乡城杨
Populus xiangchengensis C.Wang
et S.L.Tung
摄于八日乡子瓦村

滇杨
Populus yunnanensis Dode
摄于瓦卡镇扎依贡

山杨
Populus davidiana **Dode**
摄于八日乡子瓦村

桦木科
Betulaceae

白桦
Betula platyphylla **Suk.**
摄于太阳谷镇下绒村

红桦
Betula albosinensis **Burk.**
摄于八日乡日主共大牧场

滇虎榛
Ostryopsis nobilis l.B.Balfour et
W.W.Smith
摄于瓦卡镇阿洛贡村

岩桦
Betula calcicola (W.W.Sm.) P.
C.Li
摄于太阳谷镇下绒村

壳斗科
Fagaceae

帽斗栎
Quercus guajavifolia H.Leveille
别名：黄背栎
摄于日雨镇龙绒村

川滇高山栎
Quercus aquifolioides **Rehd.et Wils.**
摄于日雨镇甲孜村

刺叶高山栎
Quercus spinosa **David ex Franchet**
摄于八日乡子瓦村

榆科
Ulmaceae

紫弹树
Celtis biondii **Pamp.**
摄于太阳谷镇布瓦村

榆树
***Ulmus pumila* L.**
别名：白榆、家榆、榆、
琅琊榆
摄于日雨镇日堆村

桑科
Moraceae

榕树
***Ficus microcarpa* Linn.f.**
摄于瓦卡镇瓦卡坝

印度榕
***Ficus elastica* Roxb.ex Hornem.**
别名：印度橡胶树、橡皮榕、
印度胶树、橡皮树、印度橡皮
树、橡胶榕
摄于瓦卡镇瓦卡坝

鸡桑
Morus australis Poir.
别名：山桑、壓桑、小叶桑、裂叶鸡桑、鸡爪叶桑、戟叶桑、细裂叶鸡桑、花叶鸡桑、狭叶鸡桑
摄于太阳谷镇布瓦村

楮
Broussonetia kazinoki Sieb.
别名：毛桃、谷树、谷桑、构树、楮桃
摄于日雨镇因都坝

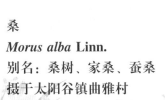

桑
Morus alba Linn.
别名：桑树、家桑、蚕桑
摄于太阳谷镇曲雅村

大麻
Cannabis sativa Linn.
别名：火麻、野麻、胡麻、
线麻、山丝苗、汉麻
摄于徐龙乡宗绒村

无花果
Ficus carica Linn.
别名：阿驲、红心果
摄于太阳谷镇松堆村

荨麻科
Urticaceae

镜面草
Pilea peperomioides Diels
别名：香菇草
摄于太阳谷镇城区

悬铃叶苎麻
Boehmeria tricuspis (Hance)
Makino
别名：山麻、龟叶麻、方麻、野
芒麻、八角麻、悬铃木叶苎麻
摄于瓦卡镇子实村

水麻
Debregeasia orientalis **C.J.Chen**
摄于瓦卡镇阿洛贡村

蝎子草
Girardinia Suborbiculata **C.J.Chen**
别名：天天麻、蜇人草
摄于白松镇门扎村

羽裂荨麻
Urtica triangularis **Hand.–Mazz.**
subsp. *pinnatifida* **(Hand.–Mazz.)**
C.J.Chen
摄于奔都乡莫木村

山龙眼科
Proteaceae

银桦
Grevillea robusta **A.Cunn.ex R.Br.**
摄于瓦卡镇瓦卡坝

檀香科
Santalaceae

急折百蕊草
Thesium refractum **C.A.Mey.**
摄于太阳谷镇沙麦顶村

沙针
Osyris wightiana **Wall.ex Wight**
摄于太阳谷镇格孜达村

桑寄生科
Loranthaceae

槲寄生
Viscum coloratum (**Kom.**) **Nakai**
摄于八日乡通古村

高山松寄生
Scurrula elata (**Edgew.**) **Danser**
摄于日雨镇甲孜村

柳叶钝果寄生
Taxillus delavayi (van Tiegh.)
Danser
摄于八日乡子瓦村

桑寄生
Taxillus sutchuenensis (Lecomte)
Danser
摄于奔都乡莫木村

圆柏寄生
Arceuthobium oxycedri (DC.)
M.Bieb.
摄于八日乡日主共大牧场

蓼科
Polygonaceae

虎杖
***Reynoutria japonica* Houtt.**
别名：斑庄根、大接骨、酸
桶芦、酸筒杆
摄于茨巫乡定贡草场

翅柄蓼
***Polygonum sinomontanum* Sam.**
别名：石风丹
摄于太阳谷镇下绒村

水蓼
***Polygonum hydropiper* Linn.**
别名：辣柳菜、辣蓼
摄于茨巫乡杠拉村

冰川蓼
Polygonum glaciale (Meisn.)
Hook.f.
摄于日雨镇甲孜村

蓝药蓼
Polygonum cyanandrum **Diels**
摄于古学乡下拥景区

硬毛蓼
Polygonum hookeri **Meisn.**
别名：假大黄
摄于日雨镇折格山

尼泊尔酸模
***Rumex nepalensis* Spreng.**
别名：土大黄
摄于太阳谷镇冉绒村

尼泊尔蓼
***Polygonum nepalense* Meisn.**
摄于太阳谷镇冉绒村

萹蓄
***Polygonum aviculare* Linn.**
别名：竹叶草、大蚂蚁草、
扁竹
摄于茨巫乡兰九村

疏枝大黄
Rheum kialense Franch.
摄于茨巫乡定贡草场

苦荞麦
Fagopyrum tataricum (L.) Gaertn.
摄于茨巫乡兰九村

荞麦
Fagopyrum esculentum Moenth
别名：甜荞
摄于茨巫乡兰九村

细柄野荞麦
Fagopyrum gracilipes (Hemsl.)
Damm.ex Diels
摄于太阳谷镇格孜达村

心叶野荞麦
Fagopyrum gilesii (Hemsl.) Hedb.
摄于太阳谷镇冉绒村

皱叶酸模
Rumex crispus Linn.
别名：土大黄
摄于贡波乡贡堆村

戟叶酸模
Rumex hastatus **D.Don**
摄于瓦卡镇瓦卡坝

珠芽蓼
Polygonum viviparum **Linn.**
别名：山谷子
摄于太阳谷镇浪中村

何首乌
Fallopia multiflora (Thunb.) Harald.
别名：夜交藤、紫乌藤、多花蓼、
桃柳藤、九真藤
摄于太阳谷镇格孜达村

酸模叶蓼
Polygonum lapathifolium Linn.
别名：大马蓼
摄于太阳谷镇冉绒村

圆穗蓼
Polygonum macrophyllum D.Don
摄于茨巫乡定贡草场

中华山蓼
Oxyria sinensis Hemsl.
摄于奔都乡莫木村

齿果酸模
Rumex dentatus Linn.
摄于茨巫乡兰九村

商陆科
Phytolaccaceae

多雄蕊商陆
Phytolacca polyandra Batalin
别名：多蕊商陆
摄于奔都乡莫木村

紫茉莉科
Nyctaginaceae

光叶子花
Bougainvillea glabra Choisy
别名：三角梅、紫亚兰、紫三
角、三角花、小叶九重葛、簕
杜鹃、宝巾
摄于奔都乡俄木学村

澜沧粘腺果
Commicarpus lantsangensis D.Q.Lu
摄于奔都乡俄木学村

紫茉莉
Mirabilis jalapa
别名：晚饭花、晚晚花、野丁
香、苦丁香、丁香叶、状元
花、夜饭花、粉豆花、胭脂
花、烧汤花、夜娇花、潮来
花、粉豆、白花紫茉莉、地雷
花、白开夜合
摄于奔都乡俄木学村

中华山紫茉莉
Oxybaphus himalaicus Edgew.var.
chinensis (Heim.) D.Q.Lu
别名：东亚紫茉莉、中华紫茉莉
摄于太阳谷镇格绒村

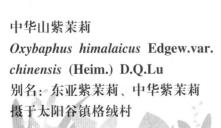

马齿苋科
Portulacaceae

马齿苋
Portulaca oleracea Linn.
别名：胖娃娃菜、猪肥菜、五行菜、酸菜、狮岳菜、猪母菜、蚂蚁菜、马蛇子菜、瓜米菜、马齿菜、蚂蚱菜、马苋菜、马齿草、麻绳菜、瓜子菜、五方草、长命菜、五行草、马苋、马耳菜
摄于太阳谷镇冉绒村

落葵科
Basellaceae

落葵薯
Anredera cordifolia (Tenore) Steenis
别名：热带皇宫菜、川七、藤子三七、马地拉落葵、洋落葵、田三七、藤本、藤三七、马德拉藤、藤七
摄于瓦卡镇瓦卡坝

落葵
Basella alba Linn.
别名：蘼芭菜、胭脂菜、紫葵、豆腐菜、滑菜、木耳菜、臙脂豆、藤菜、紫露、蒋葵
摄于太阳谷镇冉绒村

石竹科
Caryophyllaceae

滇蜀无心菜
Arenaria dimorphitricha C.Y.Wu
ex L.H.Zhou
摄于太阳谷镇冻谷村

金铁锁
Psammosilene tunicoides W.C.Wu
et C.Y.Wu
别名：金丝矮坨坨、土人参、独
钉子、昆明沙参
摄于太阳谷镇下绒村

髯毛无心菜
Arenaria barbata Franch.
别名：髯毛蚤缀
摄于茨巫乡定贡草场

沧江蝇子草
Silene monbeigii W.W.Smith
别名：滇西蝇子草
摄于太阳谷镇下绒村

无鳞蝇子草
Silene esquamata W.W.Smith
摄于日雨镇日堆村

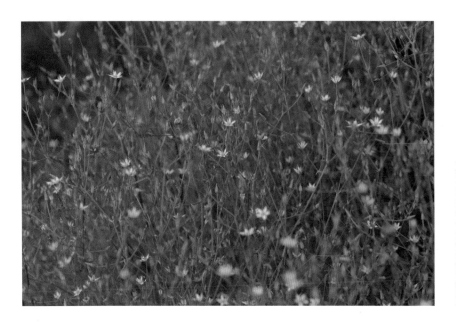

无心菜
Arenaria serpyllifolia Linn.
别名：卵叶蚤缀、鹅不食草、
蚤缀、小无心菜
摄于茨巫乡兰九村

细蝇子草
Silene gracilicaulis C.L.Tang
别名：癫头参、紫茎九头草、
滇瞿麦、九头草、绢毛蝇子
草、大花细蝇子草
摄于日雨镇龙绒村

雪灵芝
Arenaria brevipetala Y.W.Tsui et L.H.Zhou
别名：短瓣雪灵芝
摄于八日乡日主共大牧场

阿克赛钦雪灵芝
Arenaria aksayqingensis
摄于古学乡下拥景区

石竹
Dianthus chinensis **Linn.**
别名：长萼石竹、丝叶石竹、蒙古石竹、北石竹、山竹子、大菊、瞿麦、蘧麦、三脉石竹、林生石竹、长苞石竹、辽东石竹、高山石竹、钻叶石竹、兴安石竹
摄于瓦卡镇瓦卡坝

女娄菜
Silene aprica **Turcx.ex Fisch. et Mey.**
别名：桃色女娄菜、王不留行、山蚂蚱菜、霞草、台湾蝇子草、长冠女娄菜
摄于八日乡纳龚村

细柄繁缕
Stellaria petiolaris **Hand–Mazz.**
摄于太阳谷镇下绒村

繁缕
Stellaria media (Linn.) Villars
别名：鸡儿肠、鹅耳伸筋、鹅
肠菜
摄于太阳谷镇冉绒村

藜科
Chenopodiaceae

千针苋
Acroglochin persicarioides (Poir.)
Moq.
摄于太阳谷镇冉绒村

土荆芥
Chenopodium ambrosioides Linn.
别名：杀虫芥、臭草、鹅脚草
摄于太阳谷镇格孜达村

盐地碱蓬
Suaeda salsa (Linn.) Pall.
别名：黄须菜、翅碱蓬
摄于太阳谷镇冉绒村

沙蓬
Agriophyllum squarrosum (Linn.) Moq.
摄于日雨镇因都坝

杂配藜
Chenopodium hybridum Linn.
别名：血见愁、大叶藜
摄于日雨镇日麦村

杖藜
Chenopodium giganteum D.Don
别名：红盐菜
摄于日雨镇因都坝

灰绿藜
Chenopodium glaucum Linn.
摄于瓦卡镇瓦卡坝

菠菜
Spinacia oleracea Linn.
别名：角菜、菠薐菜、菠薐
摄于太阳谷镇松堆村

藜
Chenopodium album Linn.
别名：灰条菜、灰藋
摄于太阳谷镇格孜达村

菊叶香藜
Chenopodium foetidum Schrad.
别名：菊叶刺藜、总状花藜
摄于太阳谷镇冉绒村

猪毛菜
Salsola collina Pall.
摄于瓦卡镇瓦卡坝

厚皮菜

Beta vulgaris Linn.var. cicla L.

别名：红牛皮菜、红茶菜、紫叶甜菜、红叶甜菜、红柄茶菜、紫菠菜、红色莙荙菜、猪螂菜、牛皮菜、海白菜、莙荙菜

摄于瓦卡镇瓦卡坝

番杏科

Aizoaceae

心叶日中花

Mesembryanthemum cordifolium L.F.

别名：巴西吊兰、露花、花蔓草、露草、心叶冰花、牡丹吊兰、穿心莲、田七菜、口红吊兰

摄于瓦卡镇瓦卡坝

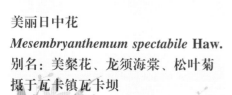

美丽日中花

Mesembryanthemum spectabile Haw.

别名：美粲花、龙须海棠、松叶菊

摄于瓦卡镇瓦卡坝

苋科
Amaranthaceae

刺花莲子草
Alternanthera pungens H.B.K.
摄于瓦卡镇瓦卡坝

喜旱莲子草
Alternanthera philoxeroides（Mart.）
Griseb.
别名：空心莲子草、水花生、革命草、水蕹菜、空心苋、长梗满天星、空心莲子菜
摄于日雨镇因都坝

鸡冠花
Celosia cristata Linn.
摄于古学乡日瓦村

皱果苋

Amaranthus viridis Linn.

别名：绿苋

摄于瓦卡镇瓦卡坝

尾穗苋

Amaranthus caudatus Linn.

别名：老枪谷、籽粒苋

摄于太阳谷镇松堆村

牛膝

Achyranthes bidentata Blume

别名：牛磕膝、倒扣草、怀牛膝

摄于太阳谷镇格孜达村

反枝苋
Amaranthus retroflexus Linn.
别名：西风谷、苋菜
摄于瓦卡镇瓦卡坝

仙人掌科
Cactaceae

仙人球
Echinopsis tubiflora
摄于日雨镇因都坝

仙人掌
Opuntia stricta (Haw.) Haw.var.
dillenii (Ker-Gawl.) Benson
摄于瓦卡镇土改村

木兰科
Magnoliaceae

荷花玉兰
Magnolia grandiflora Linn.
别名：广玉兰、洋玉兰、白玉兰
摄于日雨镇因都坝

含笑花
Michelia figo (Lour.) Spreng.
别名：香蕉花、含笑
摄于瓦卡镇瓦卡坝

黄兰含笑
Michelia champaca
别名：黄桷兰、黄玉兰、黄缅
桂、飞黄木兰、飞黄玉兰、瞻
波伽、占波、黄葛兰
摄于瓦卡镇瓦卡坝

紫玉兰
Magnolia liliiflora Desr.
别名：木笔、辛夷
摄于瓦卡镇瓦卡坝

樟科
Lauraceae

木姜子
Litsea pungens Hemsl.
别名：辣姜子、黄花子、香桂子、
生姜材、兰香树、陈茄子、猴香
子、山胡椒、木香子、山苍子
摄于八日乡通古村

云南樟
Cinnamomum glanduliferum
(Wall.) Nees
别名：香叶树、白樟、香樟、
大黑叶樟、青皮树、红樟、
樟叶树、樟脑树、樟木、果
东樟、臭樟
摄于太阳谷镇冻谷村

毛茛科
Ranunculaceae

翠雀
Delphinium grandiflorum Linn.
摄于太阳谷镇松堆村

三裂碱毛茛
Halerpestes tricuspis (Maxim.)
Hand-Mazz.
摄于茨巫乡杠拉村

毛果毛茛
Ranunculus tanguticus (Maxim.)
Ovcz.var.dasycarpus (Maxim.) L.
Liou
别名：高原毛茛
摄于古学乡下拥景区

升麻
Cimicifuga foetida Linn.
别名：绿升麻
摄于古学乡下拥景区

冻地银莲花
Anemone rupestris Hook.f.et Thoms.
subsp. *gelida* (Maxim.) Lauener
摄于古学乡下拥景区

合柄铁线莲
Clematis connata DC.
摄于奔都乡莫木村

银叶铁线莲
Clematis delavayi Franch.
摄于太阳谷镇松麦村

叠裂银莲花
Anemone imbricata Maxim.
摄于日雨镇甲孜牛场

甘川铁线莲
Clematis akebioides (Maxim.) Veitch
摄于太阳谷镇松麦村

澜沧翠雀花
***Delphinium thibeticum* Finet et Gagnep.**
摄于太阳谷镇下绒村

乌头
***Aconitum carmichaeli* Debx.**
别名：五毒、铁花、鹅儿花、盐乌头、乌药、草乌
摄于日雨镇日麦村

露蕊乌头
***Aconitum gymnandrum* Maxim.**
别名：罗贴巴、泽兰
摄于白松镇木差村

驴蹄草

Caltha palustris **Linn.**

别名：马蹄草、马蹄叶

摄于太阳谷镇下绒村

牡丹

Paeonia suffruticosa **Andr.**

别名：鼠姑、鹿韭、白茸、
木芍药、百雨金、洛阳花、
富贵花

摄于日雨镇如贡村

女萎

Clematis apiifolia **DC.**

别名：一把抓、白棉纱、风藤、
花木通、百根草

摄于太阳谷镇格孜达村

狭序唐松草
Thalictrum atriplex Finet et Gagnep.
摄于太阳谷镇下绒村

偏翅唐松草
Thalictrum delavayi Franch.
别名：马尾黄连、马尾连
摄于八日乡通古村

条叶银莲花
Anemone trullifolia Hook.f.et
Thoms var. **linearis** (Bruhl)
Hand.–Mazz.
摄于八日乡日主共大牧场

小叶唐松草
Thalictrum elegans **Wall.**
摄于太阳谷镇章扎村

绣球藤
Clematis montana **Buch.–Ham.ex DC.**
别名：柴木通、淮木通、三角枫
摄于太阳谷镇下绒村

鸦跖花
Oxygraphis glacialis **(Fish.ex DC.) Bunge**
摄于太阳谷镇浪中村

岩生银莲花
Anemone rupicola Camb.
摄于太阳谷镇下绒村

长花铁线莲
Clematis rehderiana Craib
摄于太阳谷镇沙麦顶村

直距耧斗菜
Aquilegia rockii Munz
摄于太阳谷镇下绒村

矮金莲花
Trollius farreri Stapf
摄于古学乡下拥景区

草玉梅
Anemone rivularis Buch.–Ham.
别名：五倍叶、见风青、汉虎
掌、白花舌头草、虎掌草
摄于古学乡下拥牧场

伏毛铁棒锤
Aconitum flavum Hand.–Mazz.
别名：一支蒿、乌药、磨三转、
断肠草、两头尖、小草乌、铁棒
锤
摄于贡波乡贡波牧场

工布乌头
Aconitum kongboense Lauener
摄于日雨镇折格山

高乌头
Aconitum sinomontanum Nakai
别名：七连环、龙蹄叶、九连
环、簑衣七、花花七、龙骨七、
辫子七、背网子、网子七、统天
袋、碎骨还阳、麻布口袋、口袋
七、麻布七、曲芍、破骨七、麻
布袋、穿心莲
摄于古学乡下拥牧场

狭裂乌头
Aconitum refractum (Finet et
Gagnep.) Hand.–Mazz.
摄于古学乡下拥牧场

拟耧斗菜
Paraquilegia microphylla (Royle)
Drumm.et Hutch.
别名：假耧斗菜、益母宁精、榆
莫得乌锦
摄于古学乡下拥景区

茴茴蒜
Ranunculus chinensis **Bunge**
摄于太阳谷镇冉绒村

紫牡丹
Paeonia delavayi **Franch.**
别名：滇牡丹、野牡丹、黄牡
丹、狭叶牡丹
摄于贡波乡贡堆村

高原唐松草
Thalictrum cultratum Wall.
别名：草黄连、马尾黄连
摄于太阳谷镇沙麦顶村

小檗科
Berberidaceae

单花小檗
Berberis candidula Schneid.
摄于日雨镇甲孜村

南天竹
Nandina domestica Thunb.
别名：蓝田竹、红天竺
摄于太阳谷镇城区

堆花小檗
Berberis aggregata **Schneid.**
摄于贡波乡日归村

同色小檗
Berberis concolor **W.W.Smith**
摄于日雨镇龙绒村

得荣小檗
Berberis derongensis **Ying**
摄于太阳谷镇松麦村

十大功劳
Mahonia fortunei (Lindl.) Fedde
别名：细叶十大功劳
摄于瓦卡镇阿洛贡村

刺红珠
Berberis dictyophylla Franch.
摄于八日乡日主共大牧场

桃儿七
Sinopodophyllum hexandrum
(Royle) Ying
别名：鬼臼
摄于八日乡日主共大牧场

鲜黄小檗
Berberis diaphana Maxim.
别名：黄花刺、三颗针、黄檗
摄于太阳谷镇城区

防己科
Menispermaceae

金线吊乌龟
Stephania cepharantha Hayata
别名：玉关葛藤、白药、铁秤
砣、独脚乌柏、金线吊蛤蟆、
山乌龟、盘花地不容
摄于太阳谷镇格孜达村

三白草科
Saururaceae

蕺菜
Houttuynia cordata Thunb.
别名：臭狗耳、狗腥草、狗贴
耳、狗点耳、独根草、丹根苗、
臭猪草、臭尿端、臭牡丹、臭灵
丹、臭蕺、臭根草、臭耳朵草、
臭茶、臭草、侧耳根、侧儿根、
壁蝨菜、壁虱菜、臭菜、鱼鳞
草、鱼腥草、猪屁股
摄于太阳谷镇冉绒村

山茶科
Theaceae

山茶
Camellia japonica Linn.
摄于日雨镇因都坝

藤黄科
Guttiferae

金丝梅
Hypericum patulum Thunb.ex
Murray
别名：土连翘
摄于太阳谷镇冉绒村

茅膏菜科
Droseraceae

茅膏菜
Drosera peltata Smith var. multi-
sepala Y.Z.Ruan
别名：新月茅膏菜、光萼茅膏菜
摄于日雨镇甲孜村

罂粟科
Papaveraceae

糙果紫堇
Corydalis trachycarpa Maxim.
别名：淡花黄堇、白穗紫堇
摄于古学乡下拥景区

狭距紫堇
Corydalis kokiana Hand.–Mazz.
摄于太阳谷镇下绒村

花菱草
Eschscholtzia californica Cham.
摄于太阳谷镇城区

蛇果黄堇
Corydalis ophiocarpa Hook.f.et Thoms.
摄于太阳谷镇下绒村

紫苞黄堇
Corydalis laucheana urbaniana Fedde
摄于日雨镇甲孜村

秃疮花
Dicranostigma leptopodum（Maxim.）Fedde
摄于日雨镇龙绒村

虞美人
Papaver rhoeas
摄于太阳谷镇城区

全缘叶绿绒蒿
Meconopsis integrifolia (Maxim.)
Franch.
摄于八日乡日主共大牧场

川西绿绒蒿
Meconopsis henrici **Bur.et Franch.**
摄于古学乡下拥牧场

囊距紫堇
Corydalis benecincta W.W.Smith
摄于古学乡下拥牧场

总状绿绒蒿
Meconopsis racemosa Maxim.Mel.
Biol.
摄于古学乡下拥牧场

细果角茴香
Hypecoum leptocarpum Hook.f.
et Thoms.
别名：节裂角茴香
摄于古学乡下拥牧场

灰绿黄堇
Corydalis adunca Maxim.
别名：滇西灰绿黄堇、帚枝灰绿黄堇
摄于太阳谷镇格孜达村

罂粟
Papaver somniferum Linn.
别名：大烟花、鸦片烟花
摄于茨巫乡兰九村

十字花科
Brassicaceae

擘蓝
Brassica caulorapa Pasq.
别名：茎蓝、球茎甘蓝、芥兰头
摄于瓦卡镇瓦卡坝

甘蓝
Brassica oleracea Linnaeus var.
capitata Linnaeus
别名：椰菜、洋白菜、圆白菜、高丽菜、包菜、包心菜、莲花菜、皱叶甘蓝
摄于太阳谷镇冉绒村

花椰菜
Brassica oleracea Linnaeus var.
botrytis Linnaeus
摄于瓦卡镇瓦卡坝

芜青
Brassica rapa Linn.
摄于太阳谷镇下绒村

细叶丛菔
Solms–Laubachia minor Hand.–Mazz.
摄于八日乡日主共大牧场

芸苔
Beassica Campesstis L.
别名：油菜、芸薹
摄于瓦卡镇瓦卡坝

诸葛菜
Orychophragmus violaceus
(Linnaeus) O.E.Schulz
别名：二月兰、紫金菜、菜
子花、短梗南芥、毛果诸葛
菜、缺刻叶诸葛菜、湖北诸
葛菜
摄于瓦卡镇瓦卡坝

沼生蔊菜
Rorippa islandica (Oed.) Borb.
摄于太阳谷镇城区

芝麻菜
Eruca sativa Mill.
别名：臭芸芥、芸芥、绵果芝
麻菜
摄于太阳谷镇冉绒村

紫罗兰
Matthiola incana (Linn.) R.Br.
摄于日雨镇因都坝

菥蓂
Thlaspi arvense **Linn.**
别名：遏蓝菜、败酱、布郎鼓、
布朗鼓、铲铲草、臭虫草、大蕺
摄于日雨镇甲孜村

喜马拉雅鼠耳芥
Arabidopsis himalaica（**Edgew.**）
O.E.Schulz
别名：须弥芥
摄于日雨镇甲孜村

垂果南芥
Arabis pendula **Linn.**
别名：毛果南芥、疏毛垂果南
芥、粉绿垂果南芥
摄于日雨镇日堆村

宽翅碎米荠
Cardamine franchetiana
别名：宽翅弯蕊芥、白
花弯蕊芥
摄于古学乡下拥牧场

紫花碎米荠
***Cardamine tangutorum* O.E.Schulz**
别名：紫花弯蕊芥
摄于八日乡日主共大牧场

披针叶屈曲花
***Iberis intermedia* Guersent**
摄于瓦卡镇扎叶共村

独行菜
Lepidium apetalum **Willdenow**
别名：腺茎独行菜、辣辣菜、
拉拉罐、拉拉罐子、昌古、辣
辣根、羊拉拉、小辣辣、羊辣
罐、辣麻麻
摄于日雨镇龙绒村

豆瓣菜
Nasturtium officinale **R.Br.**
别名：西洋菜
摄于太阳谷镇冉绒村

青菜
Brassica chinensis **Linn.**
别名：小白菜、塔菜、塌菜、塌
棵菜、塌地松、黑菜、乌塌菜、
油菜、小油菜、塌棵菜、菜薹
摄于太阳谷镇冉绒村

白菜
Brassica Pekinensis (Lour.) Rupr.
别名：小白菜、大白菜
摄于太阳谷镇冉绒村

萝卜
Raphanus sativus Linn.
别名：菜头、白萝卜、莱菔、莱菔子、水萝卜、蓝花子
摄于太阳谷镇冉绒村

荠
Capsella bursa-pastoris (Linn.) Medic.
别名：地米菜、芥、荠菜
摄于太阳谷镇冉绒村

悬铃木科
Platanaceae

三球悬铃木
Platanus orientalis **Linn.**
别名：法国梧桐、槭叶悬铃木
摄于太阳谷镇城区

景天科
Crassulaceae

大花红景天
Rhodiola crenulata **（Hook.f.et Thoms.）H.Ohba**
别名：大叶红景天
摄于古学乡下拥牧场

伽蓝菜
Kalanchoe laciniata **（Linn.）DC.**
别名：裂叶伽蓝菜、鸡爪三七
摄于瓦卡镇瓦卡坝

镘瓣景天
Sedum trullipetalum Hook.f.et
Thoms.
摄于日雨镇甲孜牧场

菊叶红景天
Rhodiola chrysanthemifolia（Lévl.）
S.H.Fu
摄于日雨镇甲孜牧场

长圆红景天
Rhodiola forrestii（Hamet）S.
H.Fu
摄于奔都乡拉姆村

钝叶石莲
Sinocrassula indica (Decne.)
Berger var. obtusifolia
摄于瓦卡镇土改村

石莲
Sinocrassula indica (Decne.) Berger.
别名：厚叶石莲、东美人
摄于太阳谷镇松麦村

红景天
Rhodiola rosea Linn.
别名：东疆红景天
摄于古学乡下拥牧场

虎耳草科
Saxifragaceae

垂头虎耳草
Saxifraga nigroglandulifera **Balakr.**
摄于日雨镇甲孜牧场

红毛虎耳草
Saxifraga rufescens **Balf.f.**
别名：红毛大字草
摄于古学乡下拥牧场

流苏虎耳草
Saxifraga wallichiana **Sternb.**
摄于古学乡下拥牧场

绣球
Hydrangea macrophylla (Thunb.)
Ser.
别名：八仙花、紫阳花
摄于瓦卡镇瓦卡坝

长刺茶藨子
Ribes alpestre Wall.ex Decne.
摄于茨巫乡支拉村

糖茶藨子
Ribes himalense Royle ex Decne.
摄于太阳谷镇下绒村

异叶虎耳草
Saxifraga diversifolia Wall.ex Ser.
别名：山羊参
摄于太阳谷镇下绒村

红虎耳草
Saxifraga sanguinea Franch.
别名：松吉斗
摄于奔都乡莫木中村

美丽虎耳草
Saxifraga pulchra Engl.et Lrmsch.
摄于八日乡日主共大牧场

球花溲疏
Deutzia glomeruliflora Franch.
别名：丽江溲疏
摄于奔都乡拉姆村

线茎虎耳草
Saxifraga filicaulis Wall.ex Ser.
摄于日雨镇甲孜牧场

岩白菜
Bergenia purpurascens (Hook.f
et Thoms.) Engl.
别名：岩七、蓝花岩陀、岩菖
蒲、滇岩白菜
摄于古学乡下拥牧场

黑蕊虎耳草
Saxifraga melanocentra Franch.
别名：针色达奥、黑心虎耳草
摄于古学乡下拥牧场

杜仲科
Eucommiaceae

杜仲
Eucommia ulmoides Oliver
摄于奔都乡建英村

金缕梅科
Hamamelidaceae

红花檵木
Loropetalum chinense (R.Br.)
Oliver var. *rubrum* Yieh
别名：红檵花、红桎木、红檵木、
红花桎木、红花继木
摄于太阳谷镇城区

海桐花科
Pittosporaceae

异叶海桐
Pittosporum heterophyllum Franch.
别名：臭椿皮、臭皮
摄于古学乡下拥村

蔷薇科
Rosaceae

川西樱桃
Cerasus trichostoma (Koehne) Yü
et Li
别名：毛孔樱桃
摄于太阳谷镇下绒村

川梨
Pyrus pashia Buch.–Ham.ex D.Don
别名：棠梨刺、棠梨
摄于日雨镇日堆村

川滇蔷薇
Rosa soulieana Crép.
别名：苏利蔷薇
摄于太阳谷镇松麦村

峨眉蔷薇
Rosa omeiensis Rolfe
别名：山石榴、刺石榴
摄于太阳谷镇下绒村

粉枝莓
Rubus biflorus Buch.–Ham.ex Smith
别名：二花悬钩子、二花莓
摄于古学乡下拥村

玫瑰
Rosa rugosa **Thunb.**
别名：滨茄子、滨梨、海棠花、
刺玫
摄于瓦卡镇瓦卡坝

湖北海棠
Malus hupehensis **(Pamp.) Rehd.**
别名：小石枣、茶海棠、秋子、
花红茶、野花红、野海棠
摄于白松镇木差村

毡毛栒子
Cotoneaster pannosus **Franch.**
别名：雪山栒子
摄于茨巫乡吉冲村

匍匐栒子
Cotoneaster adpressus Bois
别名：匍匐灰栒子、洮河栒子
摄于日雨镇龙绒村

黑果栒子
Cotoneaster melanocarpus Lodd.
别名：黑果灰栒子、黑果栒子木
摄于太阳谷镇马格林场

高丛珍珠梅
Sorbaria arborea Schneid.
别名：野生珍珠梅
摄于瓦卡镇阿洛贡村

金露梅
***Potentilla fruticosa* Linn.**
别名：棍儿茶、药王茶、金
蜡梅、金老梅、格桑花
摄于茨巫乡定贡草场

银露梅
Potentilla glabra
别名：白花棍儿茶、银老梅
摄于茨巫乡定贡草场

矮地榆
***Sanguisorba filiformis*（Hook.f.）
Hand.–Mazz.**
别名：虫莲
摄于日雨镇甲孜村

扁刺蔷薇
Rosa sweginzowii Koehne
别名：野刺玫、油瓶子
摄于太阳谷镇下绒村

白叶山莓草
Sibbaldia micropetala (D.Don)
Hand.–Mazz.
摄于日雨镇甲孜村

裂叶毛果委陵菜
Potentilla eriocarpa Wall.ex Lehm.
var. *tsarongensis* W.E.Evans
摄于古学乡下拥景区

西南委陵菜
Potentilla fulgens **Wall.ex Hook.**
别名：银毛委陵菜、管仲、地槟
榔、锐齿西南委陵菜
摄于太阳谷镇下绒村

钉柱委陵菜
Potentilla saundersiana **Royle**
摄于太阳谷镇下绒村

杜梨
Pyrus betulifolia **Bge.**
别名：灰梨、野梨子、海棠梨、
土梨、棠梨
摄于八日乡通古村

高山绣线菊
Spiraea alpina Pall.
摄于古学乡下拥景区

火棘
Pyracantha fortuneana（Maxim.）
Li
别名：赤阳子、红子、救命粮、
救军粮、救兵粮、火把果
摄于瓦卡镇岗学村

绢毛蔷薇
Rosa sericea Lindl.
摄于日雨镇甲孜村

马蹄黄
Spenceria ramalana Trimen
别名：黄总花草、白地榆、
黄地榆
摄于茨巫乡定贡草场

梅
Armeniaca mume Sieb.
别名：垂枝梅、乌梅、酸梅、
干枝梅、春梅、白梅花、野梅
花、西梅、日本杏
摄于徐龙乡莫丁村

全缘石楠
Photinia integrifolia Lindl.
别名：蓝靛树、攀援石楠、长
柄全缘石楠
摄于瓦卡镇岗学村

细枝绣线菊
Spiraea myrtilloides **Rehd.**
摄于日雨镇甲孜村

月季花
Rosa chinensis **Jacq.**
别名：月月花、月月红、
玫瑰、月季
摄于瓦卡镇瓦卡坝

平枝栒子
Cotoneaster horizontalis **Dcne.**
别名：被告惹、矮红子、平枝
灰栒子、山头姑娘、岩楞子、
栒刺木
摄于茨巫乡兰九村

中甸栒子
Cotoneaster langei **Klotz**
摄于日雨镇折格山

重瓣棣棠花
Kerria japonica （Linn.） **DC.f.**
pleniflora （Witte） **Rehd.**
摄于日雨镇日堆村

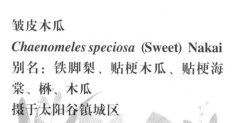

皱皮木瓜
Chaenomeles speciosa (Sweet) **Nakai**
别名：铁脚梨、贴梗木瓜、贴梗海
棠、楙、木瓜
摄于太阳谷镇城区

紫叶李
***Prunus cerasifera* Ehrhart f. *atropurpurea* (Jacq.) Rehd.**
别名：红叶李、真红叶李
摄于太阳谷镇城区

关节委陵菜
***Potentilla articulata* Franch.**
摄于古学乡下拥景区

紫花山莓草
***Sibbaldia purpurea* Royle**
摄于古学乡下拥景区

红叶石楠
Photinia × fraseri Dress
别名：红叶女贞
摄于太阳谷镇城区

野草莓
Fragaria vesca Linn.
别名：欧洲草莓、瓢子
摄于日雨镇甲孜村

绢毛匍匐委陵菜
Potentilla reptans Linn.var. *sericophylla* Franch.
别名：五爪龙、金棒锤、金金棒、
绢毛细蔓萎陵菜
摄于日雨镇甲孜村

毛叶蔷薇
Rosa mairei Lévl.
摄于日雨镇日堆村

多刺直立悬钩子
Rubus stans Focke var. *soulieanus*
(Card.) Yü et Lu
摄于日雨镇甲孜村

黄色悬钩子
Rubus lutescens Franch.
摄于日雨镇折格山

红泡刺藤
Rubus niveus Thunb.
别名：白枝泡、孵秧泡、钩撕刺
摄于奔都乡莫木村

蕨麻
Potentilla anserina Linn.
别名：鹅绒委陵菜、莲花菜、
蕨麻委陵菜、延寿草、人参果、
无毛蕨麻、灰叶蕨麻
摄于日雨镇甲孜村

苹果
Malus pumila Mill.
别名：西洋苹果、柰、嘎啦、
黄元帅
摄于太阳谷镇松麦村

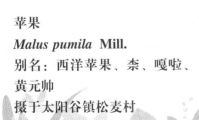

蛇莓
Duchesnea indica (Andr.) Focke
别名：三爪风、龙吐珠、蛇泡草、
东方草莓
摄于太阳谷镇冉绒村

枇杷
Eriobotrya japonica (Thunb.) Lindl.
别名：卢橘、金丸
摄于瓦卡镇瓦卡坝

华西小石积
Osteomeles schwerinae Schneid.
别名：沙糖果、黑果、糊炒豆、棱
花果树、马屎果
摄于瓦卡镇甲学村

桃

Amygdalus persica Linn.

别名：桃子、黏核油桃、黏
核桃、离核油桃、离核桃、
陶古日、油桃、盘桃、日本
丽桃、黏核光桃、黏核毛
桃、离核光桃

摄于瓦卡镇瓦卡坝

光核桃

Amygdalus mira (Koehne) Yü et
Lu

别名：西藏桃

摄于白松镇俄堆村

细齿樱桃

Cerasus serrula (Franch.) Yü et Li

别名：云南樱花

摄于茨巫乡绒贡村

微毛樱桃
Cerasus clarofolia (Schneid.) Yü et Li
别名：西南樱桃、微毛野樱桃
摄于八日乡子瓦村

樱桃
Cerasus pseudocerasus (Lindl.) G.Don
别名：樱珠、牛桃、英桃、楔桃、荆桃、莺桃、唐实樱、乌皮樱桃、崖樱桃
摄于太阳谷镇松麦村

杏
Armeniaca vulgaris Lam.
别名：归勒斯、杏花、杏树
摄于日雨镇日堆村

李
Prunus salicina Linn.
别名：玉皇李、嘉应子、嘉
庆子、山李子
摄于太阳谷镇松麦村

扁核木
Prinsepia utilis Royle
摄于茨巫乡卡色村

白梨
Pyrus bretschneideri Rehd.
别名：罐梨、白挂梨、黄梨
摄于太阳谷镇松麦村

花楸树

Sorbus pohuashanensis (Hance)
Hedl.

别名：楸树、马加木、山槐子、绒花树、红果臭山槐、百华花楸、泰山花楸

摄于太阳谷镇下绒村

豆科
Leguminosae

蚕豆

Vicia faba **Linn.**

别名：佛豆、竖豆、胡豆、南豆

摄于瓦卡镇瓦卡坝

草木犀

Melilotus officinalis (Linn.) **Pall.**

别名：白香草木犀、黄香草木犀、辟汗草、黄花草木樨、黄香草木樨

摄于日雨镇因都坝

杭子梢
Campylotropis macrocarpa (Bunge)
Rehd.
别名：多花杭子梢
摄于古学乡下拥村

菜豆
Phaseolus vulgaris Linn.
别名：香菇豆、芸豆、四季豆、
云扁豆、矮四季豆、地豆、豆角
摄于太阳谷镇冉绒村

豇豆
Vigna unguiculata (Linn.) Walp.
别名：红豆、饭豆
摄于太阳谷镇冉绒村

龙爪槐
Sophora japonica Linn.var.
japonica f. *pendula* Hort.
摄于太阳谷镇城区

三点金
Desmodium triflora (Linn.) DC.
摄于太阳谷镇松麦村

野豇豆
Vigna vexillata (Linn.) Rich.
别名：云南野豇豆、山马豆根、
云南山土瓜、山土瓜
摄于八日乡纳龚村

白车轴草
Trifolium repens **Linn.**
别名：荷兰翘摇、白三叶、
三叶草
摄于太阳谷镇曲雅村

白花草木犀
Melilotus alba **Medic.ex Desr.**
别名：白花草木樨
摄于茨巫乡日拥村

扁豆
Lablab purpureus (Linn.) **Sweet**
别名：白花扁豆、鹊豆、沿篱
豆、藤豆、膨皮豆、火镰扁豆、
片豆、梅豆、驴耳朵豆角
摄于太阳谷镇曲雅村

花桐木
Ormosia henryi Prain
别名：红豆树、臭桶柴、花
梨木、亨氏红豆、马桶树、
烂锅柴、硬皮黄檗
摄于日雨镇得木同村

刺桐
Erythrina variegata Linn.
别名：海桐
摄于日雨镇因都坝

大豆
Glycine max (Linn.) Merr.
别名：毛豆、黄豆、菽
摄于日雨镇因都坝

高山豆
Tibetia himalaica (Baker) Tsui
别名：异叶米口袋、单花米口袋
摄于日雨镇甲孜村

云南高山豆
Tibetia yunnanensis (Franch.) Tsui
别名：云南米口袋
摄于日雨镇甲孜村

川滇雀儿豆
Chesneya polystichoides
(Hand.–Mazz.) Ali
摄于古学乡下拥景区

鬼箭锦鸡儿
Caragana jubata (Pall.) Poir.
别名：鬼箭愁
摄于八日乡日主共大牧场

尼泊尔黄花木
Piptanthus nepalensis (Hook.)
D.Don
别名：金链叶黄花木、黄花木、
毛瓣黄花木、光果黄花木
摄于日雨镇龙绒村

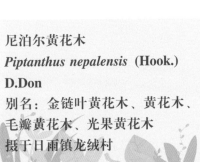

河北木蓝
Indigofera bungeana Walp.
别名：野蓝枝子、狼牙草、
本氏木蓝、马棘、陕甘木蓝
摄于日雨镇龙绒村

荷包豆
***Phaseolus coccineus* Linn.**
别名：看花豆、龙爪豆看豆、
红花菜豆、多花菜豆、花豆
摄于日雨镇日堆村

棉豆
***Phaseolus lunatus* Linn.**
别名：雪豆、大白芸豆、
香豆、金甲豆
摄于日雨镇日堆村

兵豆
***Lens culinaris* Medic.**
别名：小金扁豆、滨豆、鸡
碗豆、小扁豆、扁豆
摄于古学乡古学村

豌豆
Pisum sativum Linn.
别名：荷兰豆、雪豆、麦豆、
毕豆、回鹘豆、耳朵豆
摄于日雨镇日堆村

窄叶野豌豆
Vicia angustifolia Linn. ex Reichard
别名：铁豆秧、山豆子、紫花苕子、
闹豆子、苦豆子
摄于太阳谷镇下绒村

紫脉花鹿藿
Rhynchosia himalensis Benth. ex
Baker var. *craibiana*（Rehd.）
Peter-Stibal
摄于太阳谷镇格孜达村

紫藤
Wisteria sinensis (Sims) Sweet
别名：紫藤萝、白花紫藤
摄于太阳谷镇曲雅村

锦鸡儿
Caragana sinica (Buc' hoz) Rehder
别名：金雀花、洋袜脚子、娘娘
袜、长爪红花锦鸡儿
摄于日雨镇甲孜村

落花生
Arachis hypogaea Linn.
别名：长生果、番豆、地豆、
花生、长果
摄于太阳谷镇冉绒村

云南黄耆
***Astragalus yunnanensis* Franch.**
别名：西北黄耆、康定黄耆、岗
仁布齐黄耆
摄于古学乡下拥景区

无茎黄耆
***Astragalus acaulis* Baker**
摄于日雨镇折格山

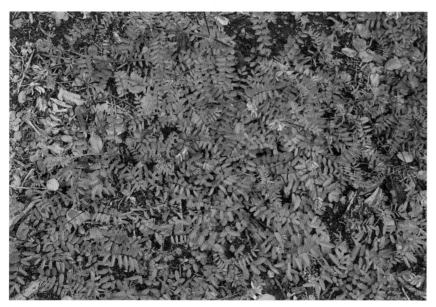

光萼黄耆
***Astragalus lucidus* Tsai et Yü**
摄于日雨镇折格山

黑萼棘豆
Oxytropis melanocalyx Bunge
摄于日雨镇甲孜村

蒙古黄耆
Astragalus membranaceus (Frisch.)
Bunge var. *mongholicus* (Bunge) P.
K.Hsiao
别名：膜荚黄耆、一人挺、黄芪、
木黄芪、紫花黄耆、黄耆、蒙古黄芪
摄于日雨镇折格山

小花棘豆
Oxytropis glabra (Lam.) DC.
别名：苦马豆、绊肠草、醉马
草、马绊肠、盐生棘豆、砾石
棘豆、细叶棘豆、包头棘豆
摄于日雨镇日堆村

圆锥山蚂蝗
Desmodium elegans DC.
别名：总状花序山蚂蝗
摄于茨巫乡兰九村

毛荚苜蓿
Medicago edgeworthii Sirj.ex
Hand—Mazz.
别名：毛果胡卢巴
摄于奔都乡莫木村

天蓝苜蓿
Medicago lupulina Linn.
别名：天蓝
摄于日雨镇日堆村

决明
Cassia tora **Linn.**
别名：马蹄决明、假绿豆、
假花生、草决明
摄于奔都乡俄木学村

毛洋槐
Robinia hispida **Linn.**
别名：红花刺槐
摄于瓦卡镇瓦卡坝

槐
Sophora japonica **Linn.**
别名：蝴蝶槐、国槐、金药树、
豆槐、槐花树、槐花木、守宫
槐、紫花槐、槐树、堇花槐、
毛叶槐、宜昌槐、早开槐
摄于日雨镇因都坝

刺槐
Robinia pseudoacacia Linn.
别名：洋槐、花、槐花、伞
形洋槐、塔形洋槐
摄于瓦卡镇瓦卡坝

白刺花
Sophora davidii (Franch.) Skeels
别名：苦刺花、白刻针、马鞭采、
马蹄针、狼牙刺、狼牙槐、铁马
胡烧
摄于太阳谷镇冉绒村

紫苜蓿
Medicago sativa Linn.
别名：苜蓿
摄于日雨镇日堆村

鞍叶羊蹄甲
***Bauhinia brachycarpa* Wall. ex
Benth.**
别名：马鞍叶、夜关门、马鞍叶
羊蹄甲、小马鞍叶羊蹄甲、马鞍
羊蹄甲、小鞍叶羊蹄甲、毛鞍叶
羊蹄甲、刀果鞍叶羊蹄甲
摄于瓦卡镇瓦卡坝

酢浆草科
Oxalidaceae

红花酢浆草
***Oxalis corymbosa* DC.**
别名：多花酢浆草、紫花酢
浆草、南天七、铜锤草、大
酸味草
摄于瓦卡镇瓦卡坝

酢浆草
***Oxalis corniculata* Linn.**
别名：酸三叶、酸醋酱、鸠
酸、酸味草
摄于瓦卡镇瓦卡坝

牻牛儿苗科
Geraniaceae

香叶天竺葵
Pelargonium graveolens L'Herit.
别名：驱蚊香草、驱蚊草、香艾、香叶
摄于瓦卡镇瓦卡坝

熏倒牛
Biebersteinia heterostemon Maxim.
别名：臭婆娘
摄于日雨镇日堆村

甘青老鹳草
Geranium pylzowianum Maxim.
摄于日雨镇甲孜村

家天竺葵
Pelargonium domesticum Bailey
别名：洋蝴蝶、大花天竺葵
摄于日雨镇因都坝

芹叶牻牛儿苗
Erodium cicutarium
摄于白松镇白松村

牻牛儿苗
Erodium stephanianum Willd.
别名：太阳花
摄于日雨镇因都坝

天竺葵
Pelargonium hortorum Bailey
别名：臭海棠、洋绣球、入腊红、石腊红、日烂红、洋葵、驱蚊草、蝴蝶梅
摄于日雨镇因都坝

老鹳草
Geranium wilfordii Maxim.
摄于太阳谷镇冉绒村

旱金莲科
Tropaeolaceae

旱金莲
Tropaeolum majus Linn.
别名：旱莲花、荷叶七
摄于瓦卡镇瓦卡坝

蒺藜科
Zygophyllaceae

蒺藜
Tribulus terrester Linn.
别名：白蒺藜、蒺藜狗
摄于瓦卡镇瓦卡坝

大戟科
Euphorbiaceae

高山大戟
Euphorbia stracheyi Boiss.
别名：黄缘毛大戟、柴胡大
戟、喜马拉雅大戟、柴胡状大
戟、藏西大戟
摄于日雨镇折格山

一品红
Euphorbia pulcherrima Willd. ex
Klotzsch
别名：圣诞花、老来娇、猩猩木
摄于日雨镇因都坝

齿裂大戟
Euphorbia dentata Michx.
别名：紫斑大戟、齿叶大戟
摄于瓦卡镇瓦卡村

续随子
Euphorbia lathylris Linn.
别名：千金子
摄于瓦卡镇瓦卡村

千根草
Euphorbia thymifolia Linn.
别名：小飞扬、细叶小锦草
摄于瓦卡镇瓦卡坝

泽漆
Euphorbia helioscopia Linn.
别名：五凤草、五灯草、五朵云、猫儿眼草、眼疼花（山东蓬莱）、漆茎、鹅脚板
摄于太阳谷镇冉绒村

大戟
Euphorbia pekinensis Rupr.
别名：湖北大戟、京大戟、北京大戟
摄于古学乡下拥村

霸王鞭
Euphorbia royleana Boiss.
摄于日雨镇因都坝

云南土沉香
Excoecaria acerifolia **Didr.**
摄于太阳谷镇沙麦顶村

蓖麻
Ricinus communis **Linn.**
摄于瓦卡镇瓦卡坝

芸香科
Rutaceae

柚
Citrus maxima **(Burm.) Merr.**
别名：文旦、抛、大麦柑、橙子、
文旦柚
摄于奔都乡建英村

玛瑙柑
Citrus reticulata Blanco cv. Manau
Gan
别名：皱皮柑
摄于瓦卡镇瓦卡坝

毛竹叶花椒
Zanthoxylum armatum DC.var.fer-
rugineum (Rehd.et Wils.) Huang
摄于太阳谷镇格孜达村

花椒
Zanthoxylum bungeanum Maxim.
别名：蜀椒、秦椒、大椒、椒
摄于太阳谷镇格孜达村

苦木科
Simaroubaceae

臭椿
Ailanthus altissima (Mill.) Swingle
别名：樗、皮黑樗、黑皮樗、黑皮
互叶臭椿、南方椿树、椿树、黑皮
椿树、灰黑皮椿树、灰黑皮樗
摄于太阳谷镇格孜达村

楝科
Meliaceae

米仔兰
Aglaia odorata Lour.
别名：米兰、碎米兰、兰花米、
鱼子兰、树兰、暹罗花、山胡
椒、小叶米仔兰
摄于瓦卡镇瓦卡坝

楝
Melia azedarach Linn.
别名：苦楝树、金铃子、
川楝子、森树、紫花树、
楝树、苦楝、川楝
摄于瓦卡镇瓦卡坝

远志科
Polygalaceae

小扁豆
Polygala tatarinowii Regel
别名：天星吊红、野豌豆草、
小远志
摄于太阳谷镇马格林场

瓜子金
Polygala japonica Houtt.
别名：卵叶远志、苦草、辰砂
草、竹叶地丁、小金不换、银不
换、黄瓜仁草、通性草、小英
雄、散血丹、歼疟草、高脚瓜子
草、小叶瓜子草、小叶地丁草、
产后草、日本远志、远志草、地
藤草、神砂草、金锁匙
摄于太阳谷镇沙麦顶村

马桑科
Coriariaceae

马桑
Coriaria nepalensis Wall.
别名：紫桑、黑虎大王、黑龙
须、闹鱼儿、醉鱼儿、乌龙
须、马桑柴、野马桑、水马
桑、马鞍子、千年红
摄于八日乡通古村

漆树科
Anacardiaceae

清香木
Pistacia weinmanniifolia **J. Poisson ex Franch.**
别名：紫油木、清香树、紫叶、香叶树、细叶楷木、昆明乌木、对节皮
摄于瓦卡镇土改村

械树科
Aceraceae

鸡爪械
Acer palmatum **Thunb.**
别名：七角枫
摄于太阳谷镇城区

阔叶械
Acer amplum **Rehd.**
别名：黄枝械、高大械、马蹄械、梧桐械、兴安梓叶械、凸果阔叶械
摄于奔都乡拉姆村

无患子科
Sapindaceae

车桑子
Dodonaea viscosa (Linn.) Jacq.
别名：明油子、坡柳
摄于奔都乡奔都村

川滇无患子
Sapindus delavayi (Franch.) Radlk.
别名：菩提子、打冷冷、皮哨子
摄于古学乡卡日贡村

凤仙花科
Balsaminaceae

凤仙花
Impatiens balsamina Linn.
摄于太阳谷镇城区

脆弱凤仙花
Impatiens infirma **Hook.f**
摄于太阳谷镇下绒村

疏花凤仙花
Impatiens laxiflora **Edgew**
摄于奔都乡莫木村

东北凤仙花
Impatiens furcillata **Hemsl.**
摄于奔都乡莫木村

卫矛科
Celastraceae

石枣子
Euonymus sanguineus Loes.
别名：披针叶石枣子
摄于八日乡通古村

冬青卫矛
Euonymus japonicus Thunb.
别名：扶芳树、正木、大叶黄杨
摄于徐龙乡徐麦村

黄杨科
Buxaceae

狭叶黄杨
Buxus stenophylla Hance
摄于八日乡呷里村

鼠李科
Rhamnaceae

川滇鼠李
Rhamnus gilgiana Heppl.
摄于贡波乡日归村

薄叶鼠李
Rhamnus leptophylla **Schneid.**
别名：细叶鼠李、蜡子树、白赤
木、白色木、郊李子、披针叶石
枣子
摄于八日乡子瓦村

川滇猫乳
Rhamnella forrestii **W.W.Smith**
摄于太阳谷镇布哇村

云南勾儿茶
Berchemia yunnanensis **Franch.**
别名：黑果子、鸦公藤
摄于太阳谷镇下绒村

枳椇
Hovenia acerba **Lindl.**
别名：南枳椇、金果梨、鸡
爪树、万字果、枸、鸡爪
子、拐枣
摄于太阳谷镇松堆村

凹叶雀梅藤
Sageretia horrida **Pax et K.Hoffm.**
摄于奔都乡拉姆村

枣
Ziziphus jujuba Mill.
别名：老鼠屎、贯枣、枣子
树、红枣树、大枣、枣子、枣
树、扎手树、红卵树
摄于瓦卡镇瓦卡坝

山枣
Ziziphus montana W.W.Smith
摄于八日乡呷里村

葡萄科
Vitaceae

葡萄
Vitis vinifera Linn.
别名：全球红
摄于日雨镇因都坝

蓝果蛇葡萄
Ampelopsis bodinieri (Levl.et Vant.) **Rehd.**
摄于太阳谷镇沙麦顶村

杜英科
Elaeocarpaceae

杜英
Elaeocarpus decipiens **Hemsl.**
摄于日雨镇因都坝

锦葵科
Malvaceae

木槿
Hibiscus syriacus **Linn.**
别名：喇叭花、朝天暮落花、荆条、木棉、朝开暮落花、白花木槿、鸡肉花、白饭花、篱障花、大红花
摄于太阳谷镇新批村

草棉
***Gossypium herbaceum* Linn.**
别名：小棉、阿拉伯棉
摄于瓦卡镇瓦卡坝

野西瓜苗
***Hibiscus trionum* Linn.**
别名：火炮草、黑芝麻、
小秋葵、灯笼花、香铃草
摄于白松镇白松村

赛葵
***Malvastrum coromandelianum*
(Linn.) Gurcke**
别名：黄花棉、黄花草
摄于瓦卡镇瓦卡村

蜀葵
Althaea rosea (Linn.) Cavan.
别名：馎馎团子、斗蓬花、栽秧花、棋盘花、麻杆花、一丈红、淑气、熟芨花、小出气
摄于太阳谷镇城区

冬葵
Malva crispa Linn.
别名：皱叶锦葵、蕲菜、冬寒菜、葵菜、葵子、葵菜子、葵、露葵、冬葵菜、滑菜、卫足、马蹄菜、滑肠菜、金钱葵、金钱紫花葵、冬苋菜、茴菜、滑滑菜、奇菜
摄于瓦卡镇瓦卡坝

瑞香科
Thymelaeaceae

橙花瑞香
Daphne aurantiaca Diels
别名：万年青、黄花瑞香、云南瑞香
摄于日雨镇折格山

唐古特瑞香
Daphne tangutica **Maxim.**
别名：陕甘瑞香、甘肃瑞香
摄于奔都乡莫木牛场

革叶荛花
Wikstroemia scytophylla **Diels**
别名：小构树
摄于太阳谷镇卡龚村

丝毛瑞香
Daphne holosericea (Diels) **Hamaya**
摄于日雨镇日堆村

狼毒
Stellera chamaejasme **Linn.**
别名：馒头花、燕子花、拔
萝卜、断肠草、火柴头花、
狗蹄子花、瑞香狼毒
摄于次巫乡郎达村

胡颓子科
Elaeagnaceae

沙棘
Hippophae rhamnoides **Linn.**
摄于八日乡通古村

董菜科
Violaceae

灰叶堇菜
Viola delavayi **Franch.**
摄于日雨镇龙绒村

紫花地丁
Viola philippica Cav.
摄于白松镇亭子村

桎柳科
Tamaricaceae

三春水柏枝
Myricaria paniculata P.Y.Zhang et Y.J.Zhang
摄于太阳谷镇冉绒村

西番莲科
Passifloraceae

鸡蛋果
Passiflora edulia Sims
别名：百香果、紫果西番莲、洋石榴
摄于瓦卡镇瓦卡坝

猕猴桃科
Actinidiaceae

中华猕猴桃
Actinidia chinensis **Planch.**
别名：猕猴桃、藤梨、羊桃藤、
羊桃、阳桃、奇异果、几维果
摄于日雨镇因都坝

秋海棠科
Begoniaceae

星点秋海棠
Begonia boweri **cv.Tiger（B.albo－picto)**
别名：竹节秋海棠、白彩秋海棠
摄于太阳谷镇城区

四季海棠
Begonia semperflorens **Link et Otto**
别名：四季秋海棠、蚬肉海棠
摄于瓦卡镇瓦卡坝

千屈菜科
Lythraceae

紫薇
Lagerstroemia indica **Linn.**
别名：千日红、无皮树、百日红、
西洋水杨梅、蚊子花、紫兰花、
紫金花、痒痒树、痒痒花
摄于太阳谷镇城区

桃金娘科
Myrtaceae

红千层
Callistemon rigidus **R.Br.**
别名：瓶刷木、金宝树、红瓶刷
摄于瓦卡镇瓦卡坝

桉
Eucalyptus robusta **Smith**
别名：大叶有加利、大叶桉
摄于瓦卡镇瓦卡坝

石榴科
Punicaceae

石榴
***Punica granatum* Linn.**
别名：若榴木、丹若、山力
叶、安石榴、花石榴
摄于太阳谷镇鱼根村

使君子科
Combretaceae

错枝榄仁
***Terminalia intricata* Hand.–Mazz.**
别名：云南榄仁
摄于太阳谷镇沙麦顶村

柳叶菜科
Onagraceae

倒挂金钟
***Fuchsia hybrida* Hort.ex Sieb.et
Voss.**
别名：铃儿花、吊钟海棠、灯
笼花
摄于太阳谷镇城区

月见草
Oenothera biennis Linn.
别名：夜来香、山芝麻
摄于日雨镇因都坝

柳叶菜
Epilobium hirsutum Linn.
别名：鸡脚参、水朝阳花
摄于太阳谷镇冉绒村

柳兰
Epilobium angustifolium Linn.
别名：糯芋、火烧兰、铁筷子
摄于太阳谷镇下绒村

五加科
Araliaceae

异叶鹅掌柴
Schefflera diversifoliolata Li
别名：鸭脚木
摄于瓦卡镇瓦卡坝

浓紫龙眼独活
Aralia atropurpurea Franch.
摄于八日乡呷里村

珠子参
Panax japonicus (T.Nees) C.A.
Meyer var. major
别名：扣子七
摄于古学乡下拥村

常春藤
Hedera nepalensis K.Koch var. sinensis (Tobl.) Rehd.
别名：爬崖藤、狗姆蛇、三角藤、山葡萄、牛一枫、三角枫、爬墙虎、爬树藤、中华常春藤
摄于太阳谷镇松麦村

伞形科
Umbelliferae

星叶丝瓣芹
Acronema astrantiifolium Wolff
摄于日雨镇龙绒村

环根芹
Cyclorhiza waltonii (Wolff) Sheh et Shan
摄于太阳谷镇沙麦顶村

青藏棱子芹
Pleurospermum pulszkyi Kanitz
摄于日雨镇折格山

西藏棱子芹
Pleurospermum hookeri C.B.Clarke
var. *thomsonii* C.B.Clarke
摄于日雨镇折格山

美丽棱子芹
Pleurospermum amabile Craib ex
W.W.Smith
摄于古学乡下拥景区

草甸阿魏
Ferula kingdon-wardii Wolff
摄于太阳谷镇下绒村

细叶芹
Chaerophyllum villosum Wall.ex DC.
别名：香叶芹
摄于茨巫乡兰九村

心果囊瓣芹
Pternopetalum cardiocarpum
(Franch.) Hand.-Mazz.
摄于茨巫乡兰九村

垫状棱子芹
Pleurospermum hedinii Diels
摄于嘎金雪山垭口

胡萝卜
Daucus carota Linn.var. *sativa*
Hoffm.
别名：赛人参
摄于太阳谷镇松麦村

当归
Angelica sinensis (Oliv.) Diels
摄于日雨镇日麦村

峨参
Anthriscus sylvestris (Linn.) **Hoffm.**
摄于日雨镇日堆村

旱芹
Apium graveolens **Linn.**
别名：芹菜、药芹
摄于瓦卡镇瓦卡坝

白亮独活
Heracleum candicans **Wall.ex DC.**
摄于日雨镇日堆村

窃衣
Torilis scabra (Thunb.) DC.
摄于太阳谷镇格孜达村

川滇柴胡
Bupleurum candollei Wall.ex DC.
别名：飘带草
摄于日雨镇日堆村

茴香
Foeniculum vulgare Mill.
别名：怀香、西小茴、小茴
香、茴香菜、川谷香、北茴
香、松梢菜
摄于瓦卡镇瓦卡坝

芫荽
Coriandrum sativum Linn.
别名：胡荽、香荽、香菜
摄于太阳谷镇冉绒村

杜鹃花科
Ericaceae

秀雅杜鹃
Rhododendron concinnum Hemsl.
摄于太阳谷镇下绒村

川西杜鹃
Rhododendron sikangense Fang
摄于太阳谷镇下绒村

灰背杜鹃
Rhododendron hippophaeoides
Balf.F.et W.W.Smith
摄于茨巫乡绒贡村

栎叶杜鹃
Rhododendron phaeochrysum
Balf.F.et W.W.Smith
摄于太阳谷镇下绒村

亮叶杜鹃
Rhododendron vernicosum Franch.
摄于太阳谷镇下绒村

美容杜鹃
Rhododendron calophytum Franch.
摄于太阳谷镇下绒村

凝毛杜鹃
Rhododendron phaeochrysum Balf.
F.et W.W.Smith var.Agglutinatum
别名：凝毛栎叶杜鹃
摄于太阳谷镇浪中村

雪层杜鹃
Rhododendron nivale Hook.f.
摄于古学乡下拥景区

锈红杜鹃
Rhododendron complexum
Balf.F.et W.W.Smith
摄于太阳谷镇浪中村

樱草杜鹃
Rhododendron primulaeflorum **Bur.**
et Franch.
摄于八日乡日主共大牧场

黄杯杜鹃
Rhododendron wardii **W.W.Smith**
摄于太阳谷镇下绒村

毛嘴杜鹃
Rhododendron trichostomum Franch.
摄于茨巫乡扛拉村

岩须
Cassiope *Selaginoides* Hook.f.et
Thoms.
摄于八日乡日主共大牧场

平卧怒江杜鹃
Rhododendron saluenense Franch.
var. *prostratum* (W.W.Smith) R.
C. Fang
别名：平卧杜鹃
摄于古学乡下拥景区

金黄杜鹃
Rhododendron rupicola W.W.
Smith var.*chryseum* (Balf.f.
et K.Ward) Philipson et M.
N.Philipson
摄于古学乡下拥景区

鹿蹄草科
Pyrolaceae

松下兰
Monotropa hypopitys Linn.
摄于日雨镇甲孜村

紫金牛科
Myrsinaceae

铁仔
Myrsine africana Linn.
别名：炒米柴、小铁子、牙痛
草、铁帚把、碎米果、豆瓣
柴、矮零子、明立花、野茶、
簸楮子
摄于八日乡通古村

报春花科
Primulaceae

垫状点地梅
Androsace tapete Maxim.
摄于八日乡日主共大牧场

江孜点地梅
Androsace cuttingii C.E.C.Fisch.
摄于日雨镇龙绒村

绵毛点地梅
Androsace sublanata Hand.–Mazz.
摄于日雨镇甲孜村

巴塘报春
Primula bathangensis **Petitm.**
摄于太阳谷镇沙麦顶村

束花报春
Primula fasciculata **Balf.F.et Ward**
摄于八日乡日主共大牧场

仙客来
Cyclamen persicum **Mill.**
摄于太阳谷镇城区

雅江报春
Primula involucrata Wall.ex Duby
subsp. yargongensis (Petitm.) W.
W.Smith et Forr.
摄于古学乡下拥景区

丽花报春
Primula pulchella Franch.
摄于日雨镇甲孜村

厚叶苞芽报春
Primula gemmifera Batal. var.
amoena Chen
摄于太阳谷镇下绒村

钟花报春
Primula sikkimensis Hook.
摄于太阳谷镇下绒村

苣叶报春
Primula sonchifolia Franch.
摄于古学乡下拥景区

滇海水仙花
Primula pseudodenticulata Pax
摄于瓦卡镇阿洛贡村

偏花报春
Primula secundiflora Franch.
摄于古学乡下拥景区

黄花岩报春
Primula dryadifolia Franch. *subsp.*
chlorodryas (W.W.Smith) Chen et
C.M.Hu
摄于贡波乡日归村

石岩报春
Primula dryadifolia Franch.
摄于古学乡下拥景区

多脉报春
Primula polyneura Franch.
摄于古学乡下拥景区

直立点地梅
Androsace erecta Maxim.
摄于太阳谷镇下绒村

白花丹科
Plumbaginaceae

小蓝雪花
Ceratostigma minus Stapf ex Prain
别名：小角柱花、蓝花岩陀、九结
莲、紫金标
摄于太阳谷镇布瓦村

柿科
Ebenaceae

柿
***Diospyros kaki* Thunb.**
别名：柿子
摄于瓦卡镇瓦卡坝

瓶兰花
***Diospyros armata* Hemsl.**
摄于太阳谷镇城区

君迁子
***Diospyros lotus* Linn.**
别名：牛奶柿、黑枣、软枣
摄于太阳谷镇松麦村

木犀科
Oleaceae

木犀
Osmanthus fragrans（Thunb.）
Loureiro
别名：丹桂、刺桂、桂花、四
季桂、银桂、桂、彩桂
摄于瓦卡镇瓦卡坝

云南丁香
Syringa yunnanensis Franch.
别名：毛萼云南丁香
摄于太阳谷镇下绒村

迎春花
Jasminum nudiflorum Lindl.
别名：重瓣迎春
摄于瓦卡镇阿洛贡村

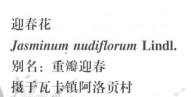

素方花
Jasminum officinale Linn.
摄于日雨镇龙绒村

茉莉花
Jasminum sambac (Linn.) Aiton
别名：茉莉
摄于日雨镇因都坝

锈鳞木犀榄
Olea ferruginea Royle
别名：尖叶木犀榄
摄于瓦卡镇岗学村

木犀榄
Olea europaea Linn.
摄于瓦卡镇瓦卡坝

长叶女贞
Ligustrum compactum (Wall.ex G.
Don) Hook.f.et Thoms.ex Brandis
摄于八日乡通古村

女贞
Ligustrum lucidum Ait.
别名：大叶女贞、冬青、落
叶女贞
摄于日雨镇因都坝

龙胆科
Gentianaceae

川西獐牙菜
Swertia mussotii Franch.
摄于茨巫乡郎达村

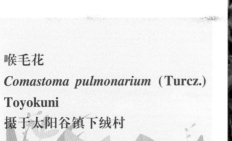

喉毛花
Comastoma pulmonarium (Turcz.)
Toyokuni
摄于太阳谷镇下绒村

高山龙胆
Gentiana algida Pall.
摄于贡波乡贡波牛场

鳞叶龙胆
Gentiana squarrosa Ledeb.
摄于太阳谷镇马格林场

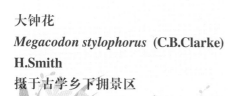

湿生扁蕾
Gentianopsis paludosa (Hook.f.) Ma
摄于古学乡下拥牧场

大钟花
Megacodon stylophorus (C.B.Clarke)
H.Smith
摄于古学乡下拥景区

粗茎秦艽
Gentiana crassicaulis Duthie ex Burk.
摄于古学乡下拥景区

丝柱龙胆
Gentiana filistyla Balf.F.et Forrest ex Marq.
别名：小花丝柱龙胆
摄于太阳谷镇下绒村

花锚
Halenia corniculata (Linn.) Cornaz
摄于太阳谷镇下绒村

椭圆叶花锚
Halenia elliptica D.Don
摄于太阳谷镇下绒村

夹竹桃科
Apocynaceae

长春花
Catharanthus roseus (Linn.) G.Don
摄于瓦卡镇瓦卡坝

白花夹竹桃
Nerium indicum Mill.cv. Paihua
摄于瓦卡镇瓦卡坝

夹竹桃
Nerium indicum **Mill.**
别名：红花夹竹桃、欧洲夹竹桃
摄于瓦卡镇瓦卡坝

萝藦科
Asclepiadaceae

狭叶吊灯花
Ceropegia stenophylla **Schneid.**
摄于徐龙乡尼宗村

白前
Cynanchum glaucescens (Decne.)
Hand.–Mazz.
摄于日雨镇绒学村

小叶鹅绒藤
Cynanchum anthonyanum
Hand.–Mazz.
摄于太阳谷镇沙麦顶村

秦岭藤
***Biondia chinensis* Schltr.**
摄于八日乡通古村

竹灵消
Cynanchum inamoenum (Maxim.)
Loes.
摄于古学乡下拥牧场

苦绳
Dregea sinensis Hemsl.
摄于日雨镇日堆村

茜草科
Rubiaceae

川滇野丁香
Leptodermis pilosa Diels
摄于瓦卡镇瓦卡坝

内蒙野丁香
Leptodermis ordosica H.C.Fu et E. W.Ma
摄于太阳谷镇松麦村

茜草
***Rubia cordifolia* Linn.**
摄于太阳谷镇格孜达村

猪殃殃
***Galium aparine* Linn.var.*tenerum*
Gren.et (Godr.) Rebb.**
别名：八仙草、爬拉殃、光果拉拉
藤、拉拉藤
摄于日雨镇日堆村

旋花科
Convolvulaceae

北鱼黄草
***Merremia sibirica* (Linn.) Hall.F.**
别名：钻之灵、西伯利亚鱼黄草、
北茉栾藤
摄于太阳谷镇沙麦顶村

番薯

***Ipomoea batatas* (Linn.) Lamarck**

别名：阿鹅、白薯、红苕、红薯、
甜薯、山药、地瓜、山芋、玉枕
薯、唐薯、朱薯、红山药、甘储、
番茄、金薯、甘薯

摄于瓦卡镇瓦卡坝

田旋花

***Convolvulus arvensis* Linn.**

别名：田福花、燕子草、小旋
花、三齿草藤、面根藤、白花
藤、扶秧苗、扶田秧、箭叶旋
花、中国旋花、狗狗秧

摄于日雨镇因都坝

打碗花

***Calystegia hederacea* Wall.**

别名：老母猪草、旋花苦蔓、扶
子苗、扶苗、狗儿秧、小旋花、
狗耳苗、狗耳丸、喇叭花、钩耳
蕨、面根藤、走丝牡丹、扶秧、
扶七秧子、兔儿苗、傅斯劳草、
富苗秧、兔耳草、盘肠参、蒲地
参、燕覆子、小昼颜、篱打碗花

摄于白松镇门扎村

蕹菜

Ipomoea aquatica **Forsskal**

别名：藤藤菜、通菜、藤藤花、蓊菜、通菜蓊、空心菜、藤菜、通心菜、蕹

摄于太阳谷镇冉绒村

菟丝子

Cuscuta chinensis **Lam.**

别名：朱匣琼瓦、禅真、雷真子、无娘藤、无根藤、无叶藤、黄丝藤、鸡血藤、金丝藤、无根草、山麻子、豆阎王、龙须子、豆寄生、黄丝、日本菟丝子

摄于瓦卡镇阿洛贡村

金灯藤

Cuscuta japonica **Choisy**

别名：无量藤、天蓬草、飞来花、黄丝藤、金丝草、大粒菟丝子、红雾水藤、雾水藤、红无根藤、无头藤、金丝藤、山老虎、无根草、飞来藤、无根藤、金灯笼、无娘藤、菟丝子、大菟丝子、日本菟丝子

摄于日雨镇日堆村

圆叶牵牛

Pharbitis purpurea **(Linn.) Voigt**

别名：紫花牵牛、打碗花、连簪
簪、牵牛花、心叶牵牛、重瓣圆
叶牵牛

摄于太阳谷镇城区

紫草科

Boraginaceae

滇紫草

Onosma paniculatum **Bur.et Franch.**

摄于太阳谷镇下绒村

细梗附地菜

Trigonotis gracilipes **Johnst.**

摄于太阳谷镇浪中村

西南琉璃草
Cynoglossum wallichii **G.Don**
摄于太阳谷镇浪中村

白花滇紫草
Onosma album **W.W.Smith et Jeffr.**
摄于日雨镇日堆村

倒提壶
Cynoglossum amabile **Stapf et Drumm.**
别名：蓝布裙
摄于太阳谷镇冉绒村

马鞭草科
Verbenaceae

假连翘
Duranta repens Linn.
别名：金露华、金露花、篱
笆树、花墙刺、洋刺、番仔
刺、莲荞
摄于瓦卡镇瓦卡坝

灰毛莸
Caryopteris forrestii Diels
别名：白叶莸
摄于太阳谷镇沙麦顶村

毛球莸
Caryopteris trichosphaera W.W.Sm.
别名：香薷
摄于茨巫乡杠拉村

小叶豆腐柴
Premna parvilimba Pei
摄于古学乡古学村

小叶荆
Vitex negundo Linn.var. *micro-phylla* Hand.–Mazz.
摄于瓦卡镇瓦卡坝

马鞭草
Verbena officinalis Linn.
别名：蜻蜓饭、蜻蜓草、风须
草、土马鞭、黏身蓝被、兔子
草、蛤蟆棵、透骨草、马鞭稍、
马鞭子、铁马鞭
摄于日雨镇因都坝

唇形科
Labiatae

多枝青兰
Dracocephalum propinquum **W.W. Smith**
摄于古学乡下拥村

一串红
Salvia splendens **Ker–Gawler**
别名：爆仗红、炮仔花、象牙海棠、墙下红、西洋红、象牙红
摄于太阳谷镇城区

甘露子
Stachys sieboldi **Miq.**
别名：螺蛳菜、宝塔菜、地蚕、地蕊、地母、米累累、益母膏、罗汉菜、旱螺蛳、地钮、地牯牛、甘露儿
摄于日雨镇甲孜村

串铃草
Phlomis mongolica Turcz.
别名：野洋芋、毛尖茶
摄于奔都乡建英村

痢止蒿
Ajuga forrestii Diels
别名：无名草、白龙须、止痢蒿
摄于茨巫乡定贡草场

匍匐风轮菜
Clinopodium repens (Buch.–Ham.ex
D.Don) Wall ex Benth
摄于太阳谷镇下绒村

独一味
Lamiophlomis rotata (Bench.ex
Hook.f.) Kudo
别名：打布巴、大巴
摄于古学乡下拥景区

川藏香茶菜
Rabdosia Pseudoirrorata C.Y.Wu
别名：兴木蒂那布、波齿香茶菜
摄于太阳谷镇松麦村

黄花香茶菜
Rabdosia sculponeata (Vaniot)
Hara
别名：痢药、白沙虫药、烂脚
草、假荨麻、鸡苏、方茎紫
苏、臭蒿子、粉红香茶菜
摄于茨巫乡兰九村

细锥香茶菜
Rabdosia coetsa （**Buch.–Ham.ex D.Don**）**Hara**
别名：野苏麻、六棱麻、地疳、癫克巴草、野坝子、异唇香茶菜、假细锥香茶菜、多花香茶菜、多穗香茶菜
摄于茨巫乡杠拉村

扇脉香茶菜
Rabdosia flabelliformis **C.Y.Wu**
别名：康定香茶菜
摄于太阳谷镇下绒村

多花筋骨草
Ajuga multiflora **Bunge**
摄于日雨镇甲孜村

多花荆芥
Nepeta stewartiana Diels
别名：密叶荆芥
摄于太阳谷镇下绒村

轮叶铃子香
Chelonopsis souliei (Bonati) Merr.
摄于茨巫乡兰九村

美花圆叶筋骨草
Ajuga ovalifolia Bur.et Franch.
var.calantha f. calantha (Diels ex
Limpricht) C.Y.Wu&C.Chen
摄于茨巫乡定贡草场

扭连钱
Phyllophyton complanatum (Dunn)
Kudo
摄于古学乡下拥景区

穗花荆芥
Nepeta laevigata (D.Don) **Hand.–**
Mazz.
别名：荆芥
摄于日雨镇甲孜村

头花香薷
Elsholtzia capituligera **C.Y.Wu**
摄于瓦卡镇子实村

香青兰

Dracocephalum moldavica Linn.

别名：青兰、野青兰、青蓝、臭蒿、臭仙欢、香花子、玉米草、蓝秋花、山薄荷、摩眼子

摄于日雨镇因都坝

益母草

Leonurus artemisia (Lour.) S.Y.Hu

别名：益母夏枯、森蒂、野麻、灯笼草、地母草、玉米草、黄木草、红梗玉米膏、大样益母草、假青麻草、益母艾、地落艾、艾草、红花艾、红艾、红花外一丹草、臭艾花、燕艾、臭艾、红花益母草、爱母草、三角小胡麻、坤草、鸭母草、云母草、野天麻、鸡母草、野故草、六角天麻、溪麻、野芝麻、铁麻干、童子益母草、益母花、九重楼、益母蒿、蚊麻菜

摄于太阳谷镇冉绒村

高原香薷

Elsholtzia feddei Lévl.

别名：野木香叶、小红苏、疏苞高原香薷、异叶高原香薷、粗壮高原香薷

摄于日雨镇甲孜村

穗状香薷
Elsholtzia stachyodes (Link) C.Y.Wu
摄于白松镇俄堆村

毛穗香薷
Elsholtzia eriostachya (Benth.)
Benth
摄于日雨镇折格山

香薷
Elsholtzia ciliata (Thunb.) Hyland.
别名：五香、野芭子、野芝麻、蚂
蝗痧、德昌香薷、香茹草、鱼香
草、野紫苏、蜜蜂草、香草、山苏
子、排香草、酒饼叶、边枝花、荆
芥、臭荆芥、真荆芥、臭香麻、水
荆芥、小叶苏子、拉拉香、小荆
芥、青龙刀香薷、水芳花、短苞柄
香薷、多枝香薷、少花香薷、疏穗
香薷
摄于太阳谷镇下绒村

密花香薷
Elsholtzia densa Benth.
别名：蟋蟀巴、臭香茹、时紫
苏、咳嗽草、细穗密花香薷、
矮株密花香薷
摄于太阳谷镇下绒村

寸金草
Clinopodium megalanthum （Diels）
C.Y.Wu et Hsuan ex H.W.Li
别名：盐烟苏、莲台夏枯草、土白
芷、蛇床子、灯笼花、山夏枯草、
麻布草、居间寸金草
摄于太阳谷镇冉绒村

水棘针
Amethystea caerulea Linn.
别名：细叶山紫苏、土荆芥
摄于太阳谷镇冉绒村

霍香
Agastache rugosa (Fisch.et Mey.)
O.Ktze.
别名：芭蒿、兜娄婆香、排香草、
青茎薄荷、水麻叶、紫苏草、鱼
香、白薄荷、鸡苏、大薄荷、苏
霍香、叶霍香、杏仁花、鱼子苏、
小薄荷、野霍香、野薄荷、山薄
荷、大叶薄荷、土霍香、薄荷、
白荷、八蒿、拉拉香、野苏子、
仁丹草、山猫巴、猫尾巴香、猫
巴虎、猫巴蒿、把蒿、香荆芥花、
香薷、家茴香、红花小茴香、山
灰香、山茴香、苍告、合香、五
香菜、尚志薄荷
摄于太阳谷镇城区

鼬瓣花
Galeopsis bifida Boenn.
别名：野苏子、野芝麻
摄于太阳谷镇下绒村

宝盖草
Lamium amplexicaule Linn.
别名：莲台夏枯草、接骨草、
珍珠莲
摄于瓦卡镇瓦卡坝

薄荷
Mentha haplocalyx **Briq.**
别名：香薷草、鱼香草、土薄荷、水薄荷、接骨草、水益母、见肿消、野仁丹草、夜息香、南薄荷、野薄荷
摄于太阳谷镇冉绒村

牛至
Origanum vulgare **Linn.**
别名：小叶薄荷、署草、五香草、野薄荷、土茵陈、随经草、野荆芥、糯米条、茵陈、白花茵陈、接骨草、香茹草、香炉草、土香薷、小田草、地藿香、满坡香、满天星、山薄荷、罗罗香、玉兰至、香茹、香薷、苏子草、满山香、乳香草、琦香
摄于瓦卡镇瓦卡坝

甘西鼠尾草
Salvia przewalskii **Maxim.**
别名：紫丹参
摄于太阳谷镇下绒村

茄科
Solanaceae

碧冬茄
Petunia hybrida (**J.D.Hooker**)
Vilmorin
别名：毽子花、灵芝牡丹、撞
羽朝颜、矮牵牛
摄于太阳谷镇城区

珊瑚豆
Solanum pseudocapsicum **Linn.**
var. *diflorum* (**Vellozo**) **Bitter**
别名：冬珊瑚、洋海椒、刺石
榴、玉珊瑚、珊瑚子
摄于瓦卡镇瓦卡坝

马铃薯
Solanum tuberosum **L.**
别名：阳芋、地蛋、山药豆、
山药蛋、荷兰薯、土豆、洋
芋、地豆
摄于太阳谷镇浪中村

金银茄
Solanum texanum
摄于瓦卡镇瓦卡坝

枸杞
Lycium chinense Miller
别名：狗奶子、狗牙根、狗牙
子、牛右力、红珠仔刺、枸杞菜
摄于太阳谷镇城区

黑果枸杞
Lycium ruthenicum Murray
摄于茨巫乡郎达村

茄
Solanum melongena Linn.
别名：白茄、茄子、紫茄、落
苏、吊菜子、矮瓜、大圆茄、
长弯茄
摄于太阳谷镇冉绒村

辣椒
Capsicum annuum Linn.
别名：甜辣椒、柿子椒、彩
椒、灯笼椒、长辣椒、牛角
椒、小米椒、甜椒、大椒、菜
椒、小米辣、簇生椒
摄于瓦卡镇瓦卡坝

树番茄
Cyphomandra betacea Sendt.
别名：缅茄
摄于日雨镇得木同村

番茄
Lycopersicon esculentum **Miller**
别名：番柿、西红柿、蕃柿、小番茄、小西红柿、狼茄
摄于太阳谷镇冉绒村

夜香树
Cestrum nocturnum **Linn.**
别名：夜来香、夜丁香、夜香木、洋素馨
摄于瓦卡镇扎依贡村

曼陀罗
Datura stramonium **Linn.**
别名：土木特张姑、沙斯哈我那、赛斯哈塔肯、醉心花闹羊花、野麻子、洋金花、万桃花、狗核桃、枫茄花
摄于太阳谷镇冉绒村

黄花烟草
Nicotiana rustica **Linn.**
别名：山菸、小花烟
摄于白松镇地日村

烟草
Nicotiana tabacum **Linn.**
别名：烟叶
摄于太阳谷镇格绒村

酸浆
Physalis alkekengi **Linn.**
别名：泡泡草、洛神珠、灯笼草、
挂金灯、红姑娘、香姑娘、酸姑
娘、菠萝果、戈力、天泡子、金
灯果、菇茑
摄于太阳谷镇城区

白英

***Solanum lyratum* Thunberg**

别名：毛母猪藤、排风藤、生毛鸡屎藤、白荚、北风藤、蔓茄、山甜菜、蜀羊泉、白毛藤、千年不烂心

摄于太阳谷镇格孜达村

龙葵

***Solanum nigrum* Linn.**

别名：黑天天、天茄菜、飞天龙、地泡子、假灯龙草、白花菜、小果果、野茄秧、山辣椒、灯龙草、野海角、野伞子、石海椒、小苦菜、野梅椒、野辣虎、悠悠、天星星、天天豆、颜柔、黑狗眼、滨藜叶龙葵

摄于太阳谷镇冉绒村

假酸浆

***Nicandra physalodes* (Linn.) Gaertner**

别名：鞭打绣球、冰粉、大千生

摄于太阳谷镇格孜达村

天仙子
***Hyoscyamus niger* Linn.**
别名：米罐子、克来名多那、苯
格哈兰特、马铃草、黑莨菪、牙
痛草、牙痛子、莨菪、骆驼籽、
小天仙子
摄于日雨镇日堆村

赛莨菪
***Scopolia carniolicoides* C.Y.Wu et
C.Chen**
别名：疯药、无慈、七厘散、齿
叶赛莨菪
摄于日雨镇如贡村

醉鱼草科
Buddlejaceae

莸叶醉鱼草
***Buddleja caryopteridifolia* W.W.
Smith**
摄于太阳谷镇沙麦顶村

皱叶醉鱼草
Buddleja crispa Benth.
别名：荒叶醉鱼草、戟叶醉鱼
草、簇花醉鱼草
摄于太阳谷镇冉绒村

马钱科
Loganiaceae

灰莉
Fagraea ceilanica Thunb.
别名：华灰莉、非洲茉莉、华
灰莉木
摄于瓦卡镇瓦卡坝

玄参科
Scrophulariaceae

哀氏马先蒿
Pedicularis elwesii Hook.f.
摄于日雨镇甲孜村

阿拉伯婆婆纳
Veronica persica Poir.
别名：波斯婆婆纳、肾子草
摄于瓦卡镇瓦卡坝

四川婆婆纳
Veronica szechuanica Batalin
摄于太阳谷镇下绒村

全叶马先蒿
Pedicularis integrifolia Hook.f.
摄于日雨镇折格山

罗氏马先蒿
Pedicularis roylei Maxim.
摄于古学乡下拥景区

刺齿马先蒿
Pedicularis armata Maxim.
摄于太阳谷镇浪中村

东俄洛马先蒿
Pedicularis tongolensis
摄于太阳谷镇下绒村

二歧马先蒿
Pedicularis dichotoma Bonati
摄于日雨镇龙绒村

甘肃马先蒿
Pedicularis kansuensis Maxim.
摄于太阳谷镇下绒村

管花马先蒿
Pedicularis siphonantha Don
摄于古学乡下拥景区

灌**丛**马先蒿
Pedicularis thamnophila
(Hand.–Mazz) Li
摄于太阳谷镇下绒村

假山罗花马先蒿
Pedicularis pseudomelampyriflora
Bonati
摄于茨巫乡兰九村

腋花马先蒿
Pedicularis axillaris **Franch.ex**
Maxim.
摄于太阳谷镇下绒村

鞭打绣球
Hemiphragma heterophyllum Wall.
别名：羊膜草
摄于日雨镇折格山

宽叶柳穿鱼
Linaria thibetica Franch.
摄于太阳谷镇下绒村

蓝猪耳
Torenia fournieri Linden.ex Fourn.
别名：夏堇、兰猪耳
摄于太阳谷镇冉绒村

紫叶兔耳草
Lagotis praecox W.W.Smith
摄于古学乡下拥景区

肉果草
Lancea tibetica Hook.f.et Thoms.
摄于茨巫乡定贡草场

细裂叶松蒿
Phtheirospermum tenuisectum
Bur.et Franch.
别名：草柏枝
摄于太阳谷镇沙麦顶村

长花马先蒿
Pedicularis longiflora Rudolph
摄于古学乡下拥景区

北水苦荬
Veronica anagallisaquatica Linn.
别名：仙桃草
摄于太阳谷镇冉绒村

毛蕊花
Verbascum thapsus Linn.
摄于日雨镇如贡村

紫葳科
Bignoniaceae

菜豆树
Radermachera sinica (Hance) **Hemsl.**
别名：跌死猫树、大朝阳、鸡豆木、蛇仔事、牛尾豆、豆角木、牛尾木、朝阳花、森木凉伞、接骨凉伞、辣椒树、豇豆树、苦苓舅、山菜豆、幸福树
摄于瓦卡镇瓦卡坝

藏波罗花
Incarvillea younghusbandii Sprague
别名：角蒿、乌确码子布
摄于日雨镇甲孜村

单叶波罗花
Incarvillea forrestii Fletcher
摄于茨巫乡定贡草场

角蒿
Incarvillea sinensis Lam.
别名：羊角草、羊角透骨草、
羊角蒿、大一枝蒿、冰云草、
瘭蒿、萝蒿、羖蒿
摄于日雨镇日麦村

凌霄
Campsis grandiflora (Thumb.)
Schum.
别名：上树龙、五爪龙、九龙
下海、接骨丹、过路蜈蚣、藤
五加、搜骨风、白狗肠、堕胎
花、苕华、紫葳
摄于古学乡古学村

炮仗花
Pyrostegia venusta (Ker−Gawl.)
Miers
别名：黄鳝藤、鞭炮花
摄于瓦卡镇瓦卡坝

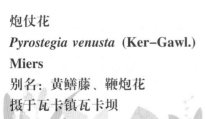

两头毛
Incarvillea arguta (Royle) Royle
别名：炮仗花、蜜糖花、马桶花、黄鸡尾、燕山红、羊奶子、喷呐花、金鸡豇豆、城墙花、羊胡子草、鼓手花、岩喇叭花、大九加、麻叶子、大花药、破碗花、千把刀、毛子草、东方羊胡子草
摄于日雨镇日麦村

苦苣苔科
Gesneriaceae

西藏珊瑚苣苔
Corallodiscus lanuginosus (Wall. ex A.DC.Burtt)
别名：石花、泡状珊瑚苣苔、多花珊瑚苣苔、大理珊瑚苣苔、珊瑚苣苔、长柄珊瑚苣苔、短柄珊瑚苣苔、黄花石花、锈毛石花、光萼石花、绢毛石花
摄于太阳谷镇冉绒村

小石花
Corallodiscus conchaefolius Batalin
摄于瓦卡镇瓦卡坝

黄花石花
Corallodiscus flabellatus (Craib)
Burtt var. *luteus* (Craib) **K.Y.**
Pan
摄于太阳谷镇沙麦顶村

卷丝苣苔
Corallodiscus kingianus (Craib)
Burtt
摄于太阳谷镇章扎村

金鱼吊兰
Nematanthus wettsteinii
摄于瓦卡镇瓦卡坝

珊瑚苣苔
Corallodiscus cordatulus
(Craib) Burtt
摄于茨巫乡杠拉村

列当科
Orobanchaceae

丁座草
Boschniakia himalaica **Hook.f.**
et Thoms.
别名：半夏、枇杷芋、千斤坠
摄于古学乡下拥景区

车前草科
Plantaginaceae

车前草
Plantago asiatica **L.**
别名：蛤蟆草、饭匙草、车轱
辘菜、蛤蟆叶、猪耳朵
摄于太阳谷镇冉绒村

忍冬科
Caprifoliaceae

理塘忍冬
Lonicera litangensis **Batal.**
摄于八日乡日主共大牧场

凹叶忍冬
Lonicera retusa **Franch.**
摄于太阳谷镇下绒村

刚毛忍冬
Lonicera hispida **Pall.ex Roem.et**
Schult.
别名：刺毛忍冬、异萼忍冬
摄于日雨镇龙绒村

岩生忍冬
Lonicera rupicola Hook.f.et Thoms.
别名：西藏忍冬
摄于八日乡日主共大牧场

醉鱼草状六道木
Abelia buddleioides W.W.Smith
别名：细叶六道木
摄于太阳谷镇马格林场

越橘叶忍冬
Lonicera myrtillus Hook.f.et Thoms.
别名：细叶忍冬、圆叶忍冬
摄于古学乡下拥村

忍冬
Lonicera japonica **Thunb.**
别名：老翁须、鸳鸯藤、蜜桷
藤、子风藤、右转藤、二宝
藤、二色花藤、银藤、金银
藤、金银花、双花
摄于古学乡古学村

唐古特忍冬
Lonicera tangutica **Maxim.**
别名：陇塞忍冬、五台忍冬、
五台金银花、裤裆杷、杈杷果、
羊奶奶（甘肃天水）、太白忍
冬、杯萼忍冬、毛药忍冬、袋
花忍冬、短苞忍冬、四川忍冬、
毛果忍冬、毛果袋花忍冬、晋
南忍冬
摄于八日乡日主共大牧场

狭萼鬼吹箫
Leycesteria formosa **Wall. var.**
stenosepala **Rehd.**
摄于太阳谷镇卡粪村

血满草
Sambucus adnata **Wall.ex DC.**
摄于太阳谷镇下绒村

聚花荚蒾
Viburnum glomeratum **Maxim.**
摄于瓦卡镇阿洛贡村

败酱科
Valerianaceae

匙叶甘松
Nardostachys jatamansi (D.Don) DC.
别名：甘松香、甘松
摄于太阳谷镇嘎金垭口

川续断科
Dipsacaceae

劲直续断
Dipsacus inermis Wall.
别名：滇藏续断
摄于茨巫乡兰九村

匙叶翼首花
Pterocephalus hookeri（C.B.Clarke)
Hock.
别名：翼首草
摄于日雨镇龙绒村

大花刺参
Morina nepalensis D.Don var.
delavayi（Franch.) C.H.Hsing
摄于太阳谷镇下绒村

白花刺续断
Acanthocalyx alba
别名：白花刺参
摄于太阳谷镇下绒村

葫芦科
Cucurbitaceae

葫芦
Lagenaria siceraria (Molina)
Standl.
别名：瓠、瓠瓜、大葫芦、
小葫芦、瓠瓜
摄于日雨镇因都坝

异叶赤瓟
Thladiantha hookeri C.B.Clarke
别名：罗锅底、山土瓜、五叶赤
瓟、三叶赤瓟、七叶赤瓟
摄于太阳谷镇格孜达村

佛手瓜
Sechium edule (Jacq.) Swartz
别名：洋丝瓜
摄于太阳谷镇冉绒村

黄瓜
Cucumis sativus Linn.
别名：青瓜、胡瓜、旱黄瓜
摄于太阳谷镇冉绒村

南瓜
Cucurbita moschata (Duch.ex
Lam.) Duch ex Poiret
别名：北瓜、番南瓜、饭瓜、
番瓜、倭瓜
摄于瓦卡镇子实村

苦瓜
Momordica charantia Linn.
别名：癞葡萄、凉瓜、癞瓜、
锦荔枝
摄于太阳谷镇冉绒村

波棱瓜
Herpetospermum pedunculosum
(Ser.) C.B.Clarke
摄于奔都乡莫木下村

西葫芦
Cucurbita pepo Linn.
摄于太阳谷镇冉绒村

瓠子
Lagenaria siceraria (Molina) Standl.
var.*hispida* (Thunb.) Hara
摄于太阳谷镇冉绒村

丝瓜
Luffa Cylindrica (Linn.) Roem.
摄于太阳谷镇冉绒村

西瓜
Citrullus lanatus (Thunb.) Matsum.
et Nakai
别名：寒瓜
摄于瓦卡镇瓦卡坝

桔梗科
Campanulaceae

光萼党参
Codonopsis levicalyx L.T.Chen
别名：五花党参、线党参
摄于日雨镇龙绒村

鸡蛋参
Codonopsis convolvulacea Kurz
摄于日雨镇龙绒村

蓝钟花
Cyananthus hookeri C.B.Clarke
别名：光萼蓝钟花、光茎蓝钟花
摄于日雨镇甲孜村

丽江蓝钟花
Cyananthus lichiangensis W.W.Sm.
摄于日雨镇甲孜村

天蓝沙参
Adenophora coelestis Diels
别名：萝卜极沙参、两型沙参、
富民沙参、滇川沙参
摄于茨巫乡定贡草场

灰毛风铃草
Campanula cana Wall.
摄于太阳谷镇下绒村

菊科
Compositae

百日菊
Zinnia elegans Jacq.
别名：步步登高、节节高、鱼
尾菊、火毡花、百日草
摄于奔都乡建英村

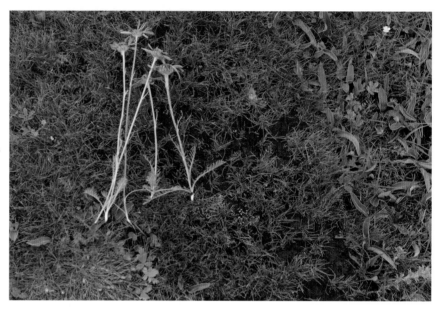

川西小黄菊
Pyrethrum tatsienense (Bur.et
Franch.) Ling ex Shih
摄于茨巫乡定贡草场

菊花
Dendranthema morifolium (Ramat.)
Tzvel.
别名：小白菊、小汤黄、杭白菊、
滁菊、白菊花、绿牡丹
摄于奔都乡莫木村

阿尔泰狗娃花
Heteropappus altaicus (Willd.) Novopokr.
别名：阿尔泰紫菀
摄于日雨镇因都坝

翠菊
Callistephus chinensis (Linn.) Nees
别名：江西腊、五月菊
摄于奔都乡莫木村

大丁草
Gerbera anandria (Linn.) Sch.–Bip.
别名：翼齿大丁草、多裂大丁草
摄于古学乡下拥村

火绒草
Leontopodium leontopodioides
(Willd.) Beauv.
摄于太阳谷镇浪中牧场

金盏花
Calendula officinalis Linn.
别名：金盏菊、盏盏菊
摄于奔都乡建英村

秋英
Cosmos bipinnatus Cav.
别名：格桑花、扫地梅、
波斯菊、大波斯菊
摄于日雨镇因都坝

黄腺香青
Anaphalis aureopunctata Lingelsh
et Borza
摄于太阳谷镇松麦牛场

香青
Anaphalis sinica **Hance**
别名：籁箫、荻、通肠香
摄于太阳谷镇马格林场

川甘毛鳞菊
Chaetoseris roborowskii (Maxim.)
Shih
别名：青甘苦参、川甘岩参
摄于太阳谷镇下绒村

羽裂黄鹌菜
Youngia paleacea (Diels) Babcock
et stebbins
别名：具苞黄鹌菜
摄于太阳谷镇下绒村

白花蒲公英
Taraxacum leucanthum (Ledeb.)
Ledeb.
摄于太阳谷镇浪中牧场

百裂风毛菊
Saussurea centiloba Hand.–Mazz.
摄于太阳谷镇下绒村

密花合耳菊
Synotis cappa (Buch.–Ham.ex D. Don) C.Jeffrey et Y.L.Chen
别名：白叶火草、密花千里光
摄于太阳谷镇松麦村

川西合耳菊
Synotis solidaginea (Hand.–Mazz.) C.Jeffrey et Y.L.Chen
别名：川西尾药菊
摄于奔都乡莫木村

花叶滇苦菜
Sonchus asper (Linn.) Hill.
别名：断续菊、续断菊
摄于太阳谷镇冉绒村

栉叶蒿
Neopallasia pectinata (Pall.) Poljak.
摄于太阳谷镇松麦村

矮沙蒿
Artemisia desertorum Spreng.var.
foetida（Jacq.ex DC.）Ling et Y.
R.Ling
摄于奔都乡莫木村

大籽蒿
Artemisia sieversiana Ehrhart ex
Willd.
摄于茨巫乡兰九村

臭蒿
Artemisia hedinii Ostenf.et Pauls.
摄于日雨镇折格山

黄花蒿
Artemisia annua Linn.
别名：香蒿
摄于奔都乡莫木村

蓝花矢车菊
Cyanus segetum Hill.
别名：蓝芙蓉、矢车菊
摄于太阳谷镇城区

魁蓟
Cirsium leo Nakai
摄于日雨镇龙绒村

藿香蓟
Ageratum conyzoides Linn.
别名：臭草、胜红蓟
摄于瓦卡镇瓦卡坝

黄缨菊
Xanthopappus subacaulis C.Winkl.
别名：九头妖、黄冠菊
摄于太阳谷镇沙麦顶村

剑叶金鸡菊
Coreopsis lanceolata Linn.
别名：线叶金鸡菊、大金鸡菊
摄于太阳谷镇城区

莴苣
Lactuca sativa Linn.
摄于太阳谷镇格孜达村

生菜
Lactuca sativa Linn.var.*ramosa* Hort.
别名：玻璃菜
摄于奔都乡莫木村

菊苣
Cichorium intybus Linn.
别名：蓝花菊苣
摄于奔都乡建英村

林泽兰
Eupatorium lindleyanum DC.
别名：尖佩兰
摄于奔都乡莫木村

柳叶鬼针草
Bidens cernua Linn.
摄于茨巫乡杠拉村

棉头风毛菊
Saussurea eriocephala Franch.
摄于太阳谷镇沙麦顶村

婆婆针
Bidens bipinnata Linn.
别名：刺针草、鬼针草
摄于太阳谷镇沙麦顶村

缺裂千里光
Senecio scandens Buch.–Ham.ex
D.Don var.*incisus* Franch.
摄于八日乡参通古村

万寿菊
Tagetes erecta Linn.
别名：孔雀菊、缎子花、臭菊花、西番菊、红黄草、小万寿菊、臭芙蓉、孔雀草
摄于奔都乡莫木村

尾叶风毛菊
Saussurea caudata Franch.
摄于太阳谷镇下绒村

东俄洛紫菀
Aster tongolensis Franch.
别名：低小东俄洛紫菀
摄于太阳谷镇下绒村

须弥紫菀
Aster himalaicus C.B.Clarke
摄于太阳谷镇嘎金垭口

巴塘紫菀
Aster batangensis Bur.et Franch.
摄于日雨镇折格山

小舌紫菀
Aster albescens (DC.) Hand.–Mazz.
摄于日雨镇龙绒村

多花亚菊
Ajania myriantha (Franch.)
Ling et Shih
摄于日雨镇日麦村

光苞亚菊
Ajania nitida Shih
摄于古学乡下拥村

异叶兔儿风
Ainsliaea foliosa Hand.–Mazz.
摄于八日乡参通古村

针叶帚菊
Pertya phylicoides J.F.Jeffrey.
别名：小叶帚菊
摄于古学乡下拥村

鱼眼草
**Dichrocephala auriculata (Thunb.)
Druce**
摄于日雨镇日麦村

烟管头草
Carpesium cernuum Linn.
别名：烟袋草、杓儿菜
摄于奔都乡莫木村

葶茎天名精
Carpesium scapiforme Chen et C. M.Hu
摄于太阳谷镇下绒村

掌裂蟹甲草
Para senecio palmatisectus（J. F.Jeffrey）Y.L.Chen
摄于古学乡下拥景区

全缘橐吾
Ligularia mongolica（Turcz.）DC.
摄于日雨镇折格山

莲叶橐吾
Ligularia nelumbifolia（Bur.et Franch.）Hand.–Mazz.
摄于茨巫乡绒贡后山

网脉橐吾
Ligularia dictyoneura（Franch.）Hand.–Mazz.
摄于太阳谷镇下绒村

穗序橐吾
Ligularia subspicata（Bur.et Franch.）Hand.–Mazz.
摄于古学乡下拥景区

丽江橐吾
Ligularia lidjiangensis Hand.–Mazz.
摄于日雨镇折格山

舟叶橐吾
Ligularia cymbulifera（W.W.Smith）
Hand.–Mazz.
摄于茨巫乡定贡草场

东俄洛橐吾
Ligularia tongolensis（Franch.）
Hand.–Mazz.
摄于古学乡下拥景区

槲叶雪兔子
Saussurea quercifolia W.W.Smith
别名：显脉雪兔子
摄于古学乡下拥景区

川木香
Dolomiaea souliei (Franch.) Shih
别名：木香
摄于日雨镇折格山

云木香
Saussurea costus (Falc.) Lipsch.
别名：青木香、广木香、木香
摄于日雨镇日堆村

异叶泽兰
Eupatorium heterophyllum DC.
别名：红升麻、红梗草
摄于太阳谷镇格孜达村

绢毛苣
Soroseris glomerata (Decne.) Stebbins
摄于古学乡下拥景区

蛇目菊
Sanvitalia procumbens Lam.
摄于奔都乡莫木村

合头菊
Syncalathium kawaguchii (Kitam.)
Ling
别名：柔毛合头菊
摄于古学乡下拥景区

绵头雪兔子
Saussurea laniceps Hand.–Mazz.
别名：麦朵刚拉、绵头雪莲花
摄于古学乡下拥景区

水母雪兔子
Saussurea medusa Maxim.
别名：杂各尔手把、夏古贝、
水母雪莲花
摄于古学乡下拥景区

长毛风毛菊
Saussurea hieracioides Hook.f.
摄于古学乡下拥景区

柱茎风毛菊
Saussurea columnaris Hand.–Mazz.
摄于古学乡下拥景区

蜂斗菜
Petasites japonicus (Sieb.et Zucc.)
Maxim.
别名：八角亭、蜂斗叶、水钟流
头、蛇头号草
摄于奔都乡莫木村

向日葵
Helianthus annuus Linn.
摄于太阳谷镇冉绒村

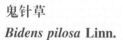

鬼针草
Bidens pilosa Linn.
别名：金盏银盘、盲肠草、豆
渣菜、豆渣草、引线包、一包
针、粘连子、粘人草、对叉草、
蟹钳草、虾钳草、三叶鬼针草、
铁包针、狼把草、白花鬼针草
摄于太阳谷镇冉绒村

艾
Artemisia argyi Lévl.et Van.
别名：金边艾、艾蒿、祈艾、医
草、灸草、端阳蒿
摄于太阳谷镇格孜达村

猪毛蒿
Artemisia scoparia **Waldst.et Kit.**
摄于日雨镇龙绒村

牛蒡
Arctium lappa **Linn.**
别名：大力子、恶实
摄于日雨镇日堆村

山苦荬
Ixeris chinensis (**Thunb.**) **Nakai**
别名：山鸭舌草、黄鼠草、小苦
苣、苦麻子、苦菜、中华小苦荬、
中华苦荬菜
摄于白松镇门扎村

苦荬菜
Ixeris polycephala Cass.
别名：多头苦荬菜、多头莴
苣、深裂苦荬菜
摄于太阳谷镇冉绒村

红缨合耳菊
Synotis erythropappa (Bur.et Franch.)
C.Jeffrey et Y.L.Chen
别名：红缨尾药菊、红毛千里光
摄于日雨镇日堆村

莳萝蒿
Artemisia anethoides Mattf.
摄于瓦卡镇瓦卡坝

蒲公英
Taraxacum mongolicum **Hand.–Mazz.**
别名：黄花地丁、婆婆丁、蒙古蒲公英、灯笼草、姑姑英、地丁
摄于瓦卡镇瓦卡坝

飞廉
Carduus nutans **Linn.**
摄于日雨镇龙绒村

红花
Carthamus tinctorius **Linn.**
别名：刺红花、红蓝花、草红花
摄于奔都乡建英村

雪莲果
Smallanthus sonchifolius
(Poepp.) H.Rob.
摄于瓦卡镇瓦卡坝

菊芋
Helianthus tuberosus Linn.
别名：鬼子姜、番羌、洋羌、
五星草、菊诸、洋姜、芋头
摄于太阳谷镇冉绒村

欧洲千里光
Senecio vulgaris Linn.
摄于太阳谷镇冉绒村

孔雀草
Tagetes patula Linn.
摄于徐龙乡徐麦村

香丝草
Conyza bonariensis (Linn.) Cronq.
别名：蓑衣草、野地黄菊、野塘蒿
摄于太阳谷镇冉绒村

毛连菜
Picris hieracioides Linn.
摄于太阳谷镇冉绒村

粗毛牛膝菊
Galinsoga quadriradiata **Ruiz et Pav.**
别名：睫毛牛膝菊
摄于太阳谷镇城区

牛膝菊
Galinsoga parviflora **Cav.**
别名：铜锤草、珍珠草、向阳
花、辣子草
摄于太阳谷镇冉绒村

缘毛紫菀
Aster souliei **Franch.**
摄于茨巫乡定贡草场

大丽花
Dahlia pinnata Cav.
别名：大理花、大丽菊、地瓜花、洋芍药、苕菊、大理菊、西番莲、天竺牡丹、苕花
摄于太阳谷镇格孜达村

苍耳
Xanthium sibiricum Patrin ex Widder
别名：苍子、稀刺苍耳、菜耳、猪耳、野茄、胡苍子、痴头婆、抢子、青棘子、羌子裸子、绵苍浪子、苍浪子、刺八裸、道人头、敝子、野茄子、老苍子、苍耳子、虱马头、黏头婆、怠耳、告发子、刺苍耳、蒙古苍耳、偏基苍耳、近无刺苍耳
摄于太阳谷镇松麦村

小蓬草
Conyza canadensis (Linn.) Cronq.
别名：小飞蓬、飞蓬、加拿大蓬、小白酒草、蒿子草
摄于瓦卡镇瓦卡坝

鼠麴草
Pseudognaphalium affine **D.Don**
别名：田艾、清明菜、鼠曲草
摄于八日乡通古村

豨莶
Siegesbeckia orientalis **Linn.**
别名：粘糊菜、虾柑草
摄于太阳谷镇城区

百合科
Liliaceae

太白韭
Allium prattii **C.H.Wright ex Hemsl.**
摄于古学乡下拥景区

梭沙韭
Allium forrestii **Diels**
摄于古学乡下拥景区

镰叶韭
Allium carolinianum **DC.**
摄于太阳谷镇浪中牧场

川贝母
Fritillaria cirrhosa **D.Don**
别名：卷叶贝母
摄于八日乡日主共大牧场

独尾草
Eremurus chinensis Fedtsch.
摄于太阳谷镇布瓦村

芦荟
Aloe vera（Linn.）N.L.Burman
var.*Chinensis*（Haw）Berg.
别名：白夜城、中华芦荟、库拉索芦荟
摄于古学乡下拥村

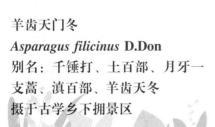

羊齿天门冬
Asparagus filicinus D.Don
别名：千锤打、土百部、月牙一支蒿、滇百部、羊齿天冬
摄于古学乡下拥景区

垂叶黄精
Polygonatum curvistylum Hua
摄于太阳谷镇浪中村

轮叶黄精
Polygonatum verticillatum (Linn.) All.
别名：地吊、红果黄精
摄于古学乡下拥景区

卷叶黄精
Polygonatum cirrhifolium (Wall.)
Royle
别名：滇钩吻
摄于日雨镇龙绒村

小鹭鸶草
Diuranthera minor (C.H.Wright)
Hemsl.
摄于太阳谷镇沙麦顶村

沿阶草
Ophiopogon bodinieri Levl.
别名：铺散沿阶草、矮小
沿阶草
摄于太阳谷镇城区

间型沿阶草
Ophiopogon intermedius D.Don
摄于太阳谷镇城区

百合
Lilium brownii F.E.Brown ex Miellez
var. *viridulum* Baker
别名：山百合、香水百合、天香百合
摄于太阳谷镇城区

卓巴百合
Lilium wardii Stapf ex Stearn
摄于日雨镇龙绒村

暗紫贝母
Fritillaria unibracteata Hsiao et K.C.Hsia
摄于古学乡下拥景区

尖被百合
Lilium lophophorum (Bur.et Franch.) Franch.
摄于古学乡下拥景区

梭砂贝母
Fritillaria delavayi Franch.
摄于古学乡下拥景区

七叶一枝花
Paris polyphylla Smith
别名：九连环、蚤休
摄于太阳谷镇尼日村

郁金香
Tulipa gesneriana Linn.
摄于茨巫乡卡色村

高山粉条儿菜
Aletris alpestris Diels
摄于古学乡下拥景区

黄精
Polygonatum sibiricum Delar.ex
Redoute
别名：鸡爪参、老虎姜、爪子参、
笔管菜、黄鸡菜、鸡头黄精
摄于太阳谷镇冉绒村

葱
Allium fistulosum **Linn.**
别名：北葱
摄于太阳谷镇冉绒村

卷丹
Lilium lancifolium **Thunb.**
别名：卷丹百合、河花
摄于太阳谷镇城区

蒜
Allium sativum **Linn.**
别名：胡蒜、独蒜、蒜头、
大蒜
摄于太阳谷镇冉绒村

韭
***Allium tuberosum* Rottler ex sprengle**
别名：韭菜、久菜
摄于太阳谷镇冉绒村

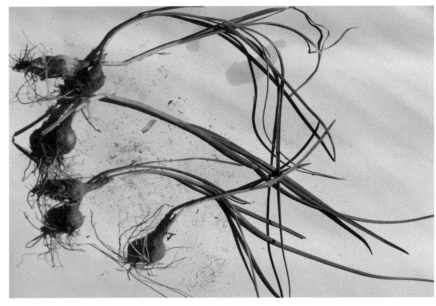

薤白
***Allium macrostemon* Bunge**
别名：小根蒜、羊胡子、山东
文登叫山蒜、薤头、独头蒜
摄于太阳谷镇冉绒村

蓬莱松
***Asparagus retrofractus* L.**
摄于太阳谷镇城区

多刺天门冬
Asparagus myriacanthus **Wang et S.C.Chen**
别名：松叶武竹、武竹
摄于太阳谷镇冉绒村

百部科
Stemonaceae

云南百部
Stemona mairei **(levl.) Krause**
别名：丽江百部、线叶百部、
狭叶百部
摄于瓦卡镇瓦卡坝

石蒜科
Amaryllidaceae

葱莲
Zephyranthes candida **(Lindl.) Herb.**
别名：葱兰、玉帘、白花菖蒲莲、
韭菜莲、肝风草、草兰
摄于瓦卡镇瓦卡坝

韭莲
***Zephyranthes grandiflora* Lindl.**
别名：红花葱兰、肝风草、韭
菜莲、韭菜兰、风雨花
摄于瓦卡镇瓦卡坝

朱顶红
***Hippeastrum rutilum* (Ker –Gawl.) Ait**
别名：对红、华胄兰、红花莲、百
枝莲
摄于日雨镇因都坝

龙舌兰科
Agavaceae

龙舌兰
***Agave americana* Linn.**
别名：金边龙舌兰
摄于日雨镇日麦村

薯蓣科
Dioscoreaceae

粘山药
Dioscorea hemsleyi Prain et Burkill
别名：粘黏黏
摄于茨巫乡兰九村

鸢尾科
Iridaceae

番红花
Crocus sativus Linn.
别名：西红花、藏红花
摄于太阳谷镇城区

紫苞鸢尾
Iris ruthenica Ker.–Gawl.
别名：细茎鸢尾、苏联鸢尾、
紫石蒲、俄罗斯鸢尾、马兰
花、短筒紫苞鸢尾、矮紫苞
鸢尾
摄于太阳谷镇下绒村

鸢尾
Iris tectorum Maxim.
别名：老鸹蒜、蛤蟆七、扁
竹花、紫蝴蝶、蓝蝴蝶、屋
顶鸢尾
摄于太阳谷镇格孜达村

灯心草科
Juncaceae

葱状灯心草
Juncus allioides Franch.
摄于太阳谷镇下绒村

鸭跖草科
Commelinaceae

红毛竹叶子
Streptolirion volubile Edgew.subsp.
khasianum (C.B.Clarke) Hong
摄于古学乡下拥村

紫竹梅
Setcreasea Purpurea Boom.
摄于日雨镇因都坝

鸭跖草
Commelina communis Linn.
别名：淡竹叶、竹叶菜、鸭趾
草、挂梁青、鸭儿草、竹芹菜
摄于瓦卡镇瓦卡坝

白花紫露草
Tradescantia fluminensis Vell.
别名：淡竹叶、白花紫鸭跖草
摄于瓦卡镇瓦卡坝

禾本科
Gramineae

高粱
Sorghum bicolor (Linn.) Moench
摄于日雨镇因都坝

橘草
Cymbopogon goeringii (Steud.) A. Camus
摄于太阳谷镇下绒村

拂子茅
Calamagrostis epigeios (Linn.) Roth
别名：林中拂子茅、密花拂子茅
摄于太阳谷镇格孜达村

粟
Setaria italica (L.) Beauv. var.
germanica (Mill.) Schred.
别名：谷子、小米
摄于古学乡古学村

白草
Pennisetum Centrasiaticum Tzvel.
别名：兰坪狼尾草
摄于太阳谷镇格孜达村

垂穗披碱草
Elymus nutans Griseb.
摄于太阳谷镇浪中牧场

多花黑麦草
Lolium multiflorum Lam.
摄于太阳谷镇曲雅村

甘蔗
Saccharum officinarum Linn.
别名：秀贵甘蔗、紫叶蔗、黑
皮果蔗、黑蔗、拔地拉、黄皮
果蔗、糖蔗
摄于瓦卡镇瓦卡坝

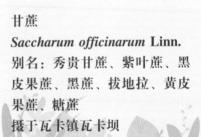

九顶草
Enneapogon borealis
摄于太阳谷镇沙麦顶村

画眉草
Eragrostis pilosa (Linn.) Beauv.
摄于太阳谷镇沙麦顶村

金发草
Pogonatherum paniceum (Lam.)
Hack.
别名：金发竹、金黄草、露水
草、竹叶草、蓑衣草、黄毛草、
竹篙草
摄于太阳谷镇章扎村

草沙蚕
Tripogon bromoides Roem.et Schult.
摄于太阳谷镇沙麦顶村

黄茅
Heteropogon contortus (Linn.) P.
Beauv.ex Roem.et Schult.
别名：地筋
摄于瓦卡镇扎叶贡村

芦竹
Arundo donax Linn.
别名：花叶芦竹、毛鞘芦竹
摄于瓦卡镇瓦卡坝

芸香草
Cymbopogon distans (Nees) Wats.
别名：诸葛草
摄于瓦卡镇扎叶贡村

蔗茅

***Erianthus rufipilus* (steud.) Griseb.**

别名：桃花芦

摄于瓦卡镇阿洛贡村

野燕麦

***Avena fatua* Linn.**

别名：燕麦草、乌麦、南燕麦

摄于太阳谷镇冉绒村

稗

***Echinochloa crusgali* (Linn.) Beauv.**

别名：旱稗

摄于白松镇日麦村

稷
Panicum miliaceum Linn.
摄于日雨镇日麦村

稻
Oryza sativa Linn.
别名：水稻、稻子、稻谷
摄于白松镇日麦村

青稞
Hordeum vulgare Linn.var. *nudum*
Hook.f.
摄于日雨镇日堆村

虎尾草
Chloris virgata Sw.
摄于古学乡古学村

狗牙根
Cynodon dactylon (Linn.) Pers.
别名：百慕达草
摄于太阳谷镇冉绒村

玉蜀黍
Zea mays Linn.
别名：苞米、苞芦、珍珠米、
包谷、玉米、麻蜀棒子
摄于太阳谷镇鱼根村

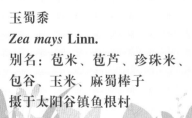

棒头草
Polypogon fugax Nees ex Steud.
摄于太阳谷镇冉绒村

大麦
Hordeum vulgare Linn.
摄于太阳谷镇冉绒村

马唐
Digitaria sanguinalis (Linn.) Scop.
别名：蹲倒驴
摄于太阳谷镇格孜达村

荩草
Arthraxon hispidus (Trin.) Makino
别名：绿竹、光亮荩草、匿芒荩草
摄于日雨镇因都坝

普通小麦
Triticum aestivum Linn.
别名：小麦、冬小麦
摄于日雨镇因都坝

狗尾草
Setaria viridis (Linn.) Beauv.
摄于日雨镇因都坝

棕榈科
Palmae

棕榈
Trachycarpus fortunei (**Hook.**)
H.Wendl.
别名：棕树
摄于瓦卡镇岗学村

天南星科
Araceae

半夏
Pinellia ternata (**Thunb.) Breit.**
别名：地珠半夏、守田、和姑、
地文、三兴草、三角草、三开
花、三片叶、半子、野半夏、土
半夏、生半夏、扣子莲、小天南
星、洋犁头、三棱草、三叶头
草、药狗丹、小天老星、麻芋
子、三步魂、地星、老鸦头、野
芋头、老和尚扣、老黄咀、尖叶
半夏、球半夏、地慈姑、燕子
尾、老鸦芋头、老鸦眼、无心
菜、田里心、麻芋果、三步跳、
三叶半夏
摄于日雨镇日堆村

雪铁芋
Zamioculcas zamiifolia **Engl.**
别名：金钱树、龙凤木、泽米
芋、扎米莲、美铁芋
摄于太阳谷镇城区

犁头尖
Typhonium divaricatum (Linn.)
Decne.
别名：地金莲、白附子、鼠尾巴、耗子尾巴、独角莲、山茨菇、芋叶半夏、田间半夏、犁头七、三角青、野慈姑、山半夏、生半夏、土半夏、半夏、小野芋、坡芋、充半夏、狗半夏、小独脚莲、打麻刺、芋头七、野附子、金半夏、百步还原、茨菇七、大叶半夏
摄于日雨镇甲孜村

独角莲
Typhonium giganteum **Engl.**
别名：鸡心白附、芋叶半夏、麻芋子、疔毒豆、麦夫子、牛奶白附、禹白附、白附子、野芋、天南星、滴水参
摄于瓦卡镇阿洛贡村

芋
Colocasia esculenta (L.) **Schott.**
别名：蹲鸱、莒、土芝、独皮叶、接骨草、青皮叶、毛芋、毛芀、芋艿、水芋、芋头、台芋、红芋
摄于瓦卡镇扎叶贡村

岩生南星
***Arisaema saxatile* Buchet**
别名：银半夏、麻芋子、半夏、
银南星、线叶南星
摄于瓦卡镇岗学村

天南星
***Arisaema heterophyllum* Blume**
别名：不求人、逢人不见面、双
隆芋、蛇棒头、天凉伞、蛇六
谷、青杆独叶一枝枪、独叶一枝
枪、蛇包谷、独脚莲、蛇草头、
锁喉莲、蛇头蒜、虎掌、山磨
芋、独足伞、大半夏、麻芋子、
虎掌半夏、狗爪半夏、半边莲、
南星、多裂南星、短檐南星
摄于八日乡呷里村

菖蒲
***Acorus calamus* Linn.**
别名：臭草、大菖蒲、剑菖蒲、
家菖蒲、土菖蒲、大叶菖蒲、剑
叶菖蒲、水菖蒲、白菖蒲、十香
和、凌水挡、水剑草、山菖蒲、
石菖蒲、野枇杷、溪菖蒲、臭菖
蒲、野菖蒲、香蒲、泥菖蒲、臭
蒲、细根菖蒲
摄于太阳谷镇冉绒村

虎掌
Pinellia pedatisecta Schott
别名：大三步跳、真半夏、南
星、独败家子、半夏子、麻芋
子、狗爪半夏、天南星、绿芋
子、半夏、麻芋果、掌叶半夏
摄于太阳谷镇格孜达村

莎草科
Cyperaceae

牛毛毡
Heleocharis yokoscensis (Franch.
et Savat.) Tang et Wang
摄于太阳谷镇下绒村

青藏薹草
Carex moorcroftii Falc.ex Boott
摄于古学乡下拥景区

丛毛羊胡子草
Eriophorum comosum Nees
摄于古学乡毛屋村

长尖莎草
Cyperus cuspidatus H.B.K.
别名：碎米香附
摄于白松乡俄堆村

球穗扁莎
Pycreus globosus Retz.
摄于白松乡门扎村

华扁穗草
Blysmus sinocompressus **Tang et Wang**
摄于太阳谷镇下绒村

风车草
Cyperus alternifolius **Linn.***subsp.*
flabelliformis **(Rottb.) Kukenth.**
别名：紫苏、旱伞草
摄于瓦卡镇瓦卡坝

南莎草
Cyperus niveus **Retz.**
摄于瓦卡镇瓦卡坝

竹芋科
Marantaceae

花叶竹芋
Maranta bicolor Ker.
别名：孔雀竹芋、双色竹芋
摄于太阳谷镇城区

芭蕉科
Musaceae

芭蕉
Musa basjoo Sieb.et Zucc.
别名：芭蕉树
摄于奔都乡建英村

美人蕉科
Cannaceae

美人蕉
Canna indica Linn.
别名：蕉芋
摄于奔都乡建英村

兰科
Orchidaceae

大叶火烧兰
Epipactis mairei Schltr.
摄于太阳谷镇冉绒村

大花蕙兰
Cymbidium hybridum
摄于太阳谷镇城区

滇蜀玉凤花
Habenaria balfouriana Schltr.
摄于日雨镇龙绒村

粉叶玉凤花
Habenaria glaucifolia Bur.et Framn.
摄于太阳谷镇下绒村

角盘兰
Herminium monorchis (Linn.)
R.Br.
摄于太阳谷镇沙麦顶村

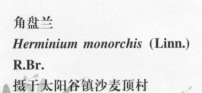

参考文献

[1] 邓世金.藏兽医本草 [M] . 北京：中国农业科技出版社，2008.

[2] 周小刚，罗孝贵，张宏军.甘孜州农田杂草原色图谱 [M] . 成都：四川科学技术出版社，2013.

[3] 中国科学院中国植物志编辑委员会. 中国植物志 [M] . 北京：科学出版社，2004.

[4] 贺家仁，刘志斌.甘孜州高等植物 [M] . 成都：四川科学技术出版社，2008.

[5] 甘孜藏族自治州药品检验所.甘孜州藏药植物名录（第一册） [G] .1984.

[6] 甘孜藏族自治州药品检验所.甘孜州藏药植物名录（第二册） [G] .1999.

[7] 甘孜藏族自治州药品检验所.甘孜州中草药名录（第一册） [G] .1984.

[8] 甘孜藏族自治州药品检验所.甘孜州中草药名录（第二册） [G] .1989.